東京大学工学教程

情報工学
情報システム

東京大学工学教程編纂委員会 編　　萩谷昌己 著

Information Systems
SCHOOL OF ENGINEERING
THE UNIVERSITY OF TOKYO

丸善出版

東京大学工学教程

編纂にあたって

　東京大学工学部,および東京大学大学院工学系研究科において教育する工学はいかにあるべきか.1886 年に開学した本学工学部・工学系研究科が 125 年を経て,改めて自問し自答すべき問いである.西洋文明の導入に端を発し,諸外国の先端技術追奪の一世紀を経て,世界の工学研究教育機関の頂点の一つに立った今,伝統を踏まえて,あらためて確固たる基礎を築くことこそ,創造を支える教育の使命であろう.国内のみならず世界から集う最優秀な学生に対して教授すべき工学,すなわち,学生が本学で学ぶべき工学を開示することは,本学工学部・工学系研究科の責務であるとともに,社会と時代の要請でもある.追奪から頂点への歴史的な転機を迎え,本学工学部・工学系研究科が執る教育を聖域として閉ざすことなく,工学の知の殿堂として世界に問う教程がこの「東京大学工学教程」である.したがって照準は本学工学部・工学系研究科の学生に定めている.本工学教程は,本学の学生が学ぶべき知を示すとともに,本学の教員が学生に教授すべき知を示す教程である.

2012 年 2 月

　　　　　2010–2011 年度
　　　　　東京大学工学部長・大学院工学系研究科長　北　森　武　彦

東京大学工学教程

刊行の趣旨

　現代の工学は，基礎基盤工学の学問領域と，特定のシステムや対象を取り扱う総合工学という学問領域から構成される．学際領域や複合領域は，学問の領域が伝統的な一つの基礎基盤ディシプリンに収まらずに複数の学問領域が融合したり，複合してできる新たな学問領域であり，一度確立した学際領域や複合領域は自立して総合工学として発展していく場合もある．さらに，学際化や複合化はいまや基礎基盤工学の中でも先端研究においてますます進んでいる．

　このような状況は，工学におけるさまざまな課題も生み出している．総合工学における研究対象は次第に大きくなり，経済，医学や社会とも連携して巨大複雑系社会システムまで発展し，その結果，内包する学問領域が大きくなり研究分野として自己完結する傾向から，基礎基盤工学との連携が疎かになる傾向がある．基礎基盤工学においては，限られた時間の中で，伝統的なディシプリンに立脚した確固たる工学教育と，急速に学際化と複合化を続ける先端工学研究をいかにしてつないでいくかという課題は，世界のトップ工学校に共通した教育課題といえる．また，研究最前線における現代的な研究方法論を学ばせる教育も，確固とした工学知の前提がなければ成立しない．工学の高等教育における二面性ともいえ，いずれを欠いても工学の高等教育は成立しない．

　一方，大学の国際化は当たり前のように進んでいる．東京大学においても工学の分野では大学院学生の四分の一は留学生であり，今後は学部学生の留学生比率もますます高まるであろうし，若年層人口が減少する中，わが国が確保すべき高度科学技術人材を海外に求めることもいよいよ本格化するであろう．工学の教育現場における国際化が急速に進むことは明らかである．そのような中，本学が教授すべき工学知を確固たる教程として示すことは国内に限らず，広く世界にも向けられるべきである．2020年までに本学における工学の大学院教育の7割，学部教育の3割ないし5割を英語化する教育計画はその具体策の一つであり，工学の

教育研究における国際標準語としての英語による出版はきわめて重要である．

　現代の工学を取り巻く状況を踏まえ，東京大学工学部・工学系研究科は，工学の基礎基盤を整え，科学技術先進国のトップの工学部・工学系研究科として学生が学び，かつ教員が教授するための指標を確固たるものとすることを目的として，時代に左右されない工学基礎知識を体系的に本工学教程としてとりまとめた．本工学教程は，東京大学工学部・工学系研究科のディシプリンの提示と教授指針の明示化であり，基礎（2年生後半から3年生を対象），専門基礎（4年生から大学院修士課程を対象），専門（大学院修士課程を対象）から構成される．したがって，工学教程は，博士課程教育の基盤形成に必要な工学知の徹底教育の指針でもある．工学教程の効用として次のことを期待している．

- 工学教程の全巻構成を示すことによって，各自の分野で身につけておくべき学問が何であり，次にどのような内容を学ぶことになるのか，基礎科目と自身の分野との間で学んでおくべき内容は何かなど，学ぶべき全体像を見通せるようになる．
- 東京大学工学部・工学系研究科のスタンダードとして何を教えるか，学生は何を知っておくべきかを示し，教育の根幹を作り上げる．
- 専門が進んでいくと改めて，新しい基礎科目の勉強が必要になることがある．そのときに立ち戻ることができる教科書になる．
- 基礎科目においても，工学部的な視点による解説を盛り込むことにより，常に工学への展開を意識した基礎科目の学習が可能となる．

　　　　　　　　　東京大学工学教程編纂委員会　　委員長　光　石　　　衛
　　　　　　　　　　　　　　　　　　　　　　　　幹　事　吉　村　　　忍

情報工学
刊行にあたって

　情報工学関連の工学教程は全23巻からなり，その相互関連は次ページの図に示すとおりである．この図における「基礎」と「専門基礎」の分類は，情報工学に関連する専門分野を専攻する学生を対象とした目安である．矢印は各分野の相互関係および学習の順序のおおよそのガイドラインを示している．「基礎」は，教養学部から工学部の3年程度の内容であり，工学部のすべての学生が学ぶべき基礎的事項である．「専門基礎」は，情報工学に関連する専門分野を専攻する学生が3年から大学院で学科・専攻ごとの専門科目を理解するために必要とされる内容である．「専門基礎」の中でも，図の上部にある科目は，工学部の多くの学科・専攻で必要に応じて学ぶことが適当であろう．情報工学は情報を扱う技術に関する学問分野であり，数学と同様に，工学のすべての分野において必要とされている．情報工学は常に発展し大きく変貌している学問分野であるが，特に「基礎」の部分は確立しており，工学部のすべての学生が学ぶ基礎的事項から成り立っている．「専門基礎」についても，工学教程の考えに則り，長く変わらない内容を主とすることを心掛けている．

＊　　＊　　＊

　本書は，情報システムを構想・企画し発注するために必要な知識（特に要件定義と設計の方法やソフトウェア開発プロセス），情報システムを運用するために必要な法や制度，情報システムの基礎にある情報技術（特に情報セキュリティ）について解説している．それらに先立ち，情報システムの事例として学生情報システムなどを紹介している．本書の主な対象読者は大学生・大学院生全般であり，専門分野は特に問わない．工学部における専門基礎教育のみならず，大学院を含む全学的な教養教育（共通教育）での利用も歓迎する．それぞれの専門分野において自ら情報システムを構想・企画できる人材が増えることを期待している．

東京大学工学教程編纂委員会
情報工学編集委員会

viii　　　情報工学　刊行にあたって

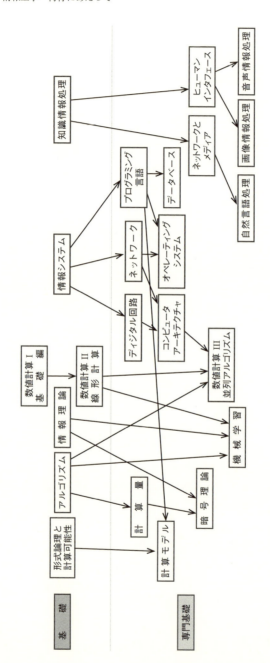

工学教程（情報工学分野）の相互関連図

目　　次

まえがき 1

1 情報システムの事例 3
　1.1 学生情報システム 3
　　　1.1.1 期待される機能と予想される課題 4
　　　1.1.2 データベース 5
　　　1.1.3 ウェブによるインタフェース 6
　　　1.1.4 サーバとクライアント 7
　　　1.1.5 仮想化 9
　　　1.1.6 クラウド 9
　　　1.1.7 ソフトウェア開発プロセス 11
　1.2 Suica 14
　　　1.2.1 IC カード 14
　　　1.2.2 鉄道乗車券システム 15
　　　1.2.3 決済システム 16
　　　1.2.4 予想される課題 16
　1.3 Arduino とセンサネットワーク 17
　　　1.3.1 Arduino 17
　　　1.3.2 センサネットワーク 18

2 構想と企画 21
　2.1 シーズからの構想 21
　2.2 ニーズからの企画 22
　　　2.2.1 経費と効果 22
　　　2.2.2 課題解決のパターン 23
　　　2.2.3 情報化戦略 24

2.3　デザイン思考 25

3　要件定義と設計 **29**
　3.1　要　件　定　義 29
　　　3.1.1　業　務　要　件 30
　　　3.1.2　システム要件 40
　3.2　設　　　　　計 41
　　　3.2.1　アーキテクチャ設計 41
　　　3.2.2　外　部　設　計 42
　　　3.2.3　内　部　設　計 47

4　構　築　と　運　用 **51**
　4.1　発　　　　　注 51
　　　4.1.1　業　者　の　選　定 51
　　　4.1.2　提　案　依　頼　書 52
　4.2　開　　　　　発 53
　　　4.2.1　ソフトウェア開発プロセス 53
　　　4.2.2　実　　　　　装 55
　　　4.2.3　テ　ス　ト 55
　　　4.2.4　プロジェクト管理 56
　4.3　既存ソフトウェアの活用 58
　　　4.3.1　パッケージソフトウェア 58
　　　4.3.2　オープンソースソフトウェア 59
　　　4.3.3　ク　ラ　ウ　ド 59
　4.4　運　　　　　用 60
　　　4.4.1　利　用　者 60
　　　4.4.2　運　用　者 60
　4.5　保　　　　　守 61

5　法　と　制　度 **63**
　5.1　社会における情報システム 63
　5.2　プ　ラ　イ　バ　シ　ー 64
　　　5.2.1　個人情報保護法 64

　　　　5.2.2　OECD ガイドライン 65
　　　　5.2.3　国際的な動向 66
　　　　5.2.4　忘れられる権利 67
　　　　5.2.5　匿名加工情報 67
　　　　5.2.6　マイナンバー 68
　　5.3　著　作　権 68
　　　　5.3.1　情報システムの著作権 69
　　　　5.3.2　送信可能化権 70
　　　　5.3.3　検索サービスのための複製権の制限 70
　　　　5.3.4　違法ダウンロード 71
　　5.4　内　部　統　制 71
　　5.5　情報システムに関連するその他の法と制度 72

6　情　報　技　術 73
　　6.1　ハードウェア 73
　　　　6.1.1　論　理　回　路 73
　　　　6.1.2　コンピュータアーキテクチャ 76
　　　　6.1.3　二次記憶装置 79
　　　　6.1.4　入 出 力 装 置 80
　　6.2　ソフトウェア 81
　　　　6.2.1　プログラミング言語 82
　　　　6.2.2　プログラミング言語の例 84
　　　　6.2.3　仮　想　機　械 85
　　　　6.2.4　オペレーティングシステム 86
　　　　6.2.5　オペレーティングシステムの例 91
　　　　6.2.6　ウィンドウシステムとフレームワーク ... 92
　　　　6.2.7　ウェブアプリケーションのフレームワーク ... 94
　　　　6.2.8　データベース 94
　　6.3　ネットワーク 97
　　　　6.3.1　物理層・データリンク層 97
　　　　6.3.2　インターネット 98
　　　　6.3.3　アプリケーション層 102

- 6.4 クラウドコンピューティング 102
  - 6.4.1 SaaS 103
  - 6.4.2 PaaS 103
  - 6.4.3 IaaS 104
  - 6.4.4 仮想化 104

7 情報セキュリティ 107
- 7.1 情報システムの安全性 107
- 7.2 認証 107
  - 7.2.1 パスワード認証 108
  - 7.2.2 公開鍵認証 108
  - 7.2.3 生体認証 108
  - 7.2.4 アクセス制御 109
- 7.3 暗号技術 109
  - 7.3.1 暗号化 109
  - 7.3.2 電子署名 110
  - 7.3.3 公開鍵基盤 111
- 7.4 ネットワークセキュリティ 111
  - 7.4.1 セキュリティプロトコル 111
  - 7.4.2 ファイアウォール 113
  - 7.4.3 情報セキュリティ管理システム 113
  - 7.4.4 様々な攻撃 114

付録A 学生情報システムのソフトウェア 117
- A.1 ソフトウェア構成 117
- A.2 プロトコル 118
- A.3 フレームワーク 119

参考文献 121
索引 123

まえがき

　情報技術の利活用を推進するためには，情報技術の専門家を養成する教育だけではなく，初等中等教育，大学の教養教育（共通教育），情報以外の分野における専門基礎教育により，情報技術に関する知識と能力を広めることが肝要である．
　なかでも，社会基盤となっている情報システムの仕組みに関する理解が重要である．様々な情報システムが社会のすみずみにまで広く普及し社会基盤を構成しており，現代の社会は情報システムなしでは成り立たないといっても過言ではない．情報システムを有効に使いこなすためには，その仕組みや背景にある原理を理解していなければならない．情報システムに関連する法，規則，制度，慣習，倫理などに関する知識も必要である．
　さらに，情報技術の利活用を向上させるためには，既存の情報システムを利用するだけでなく，各分野で新しい情報システムを構想・企画し開発する人材が求められる．情報システムの開発自体は情報分野の専門家が行うとしても，各分野で新しい情報システムを構想・企画できるのは，その分野の専門家以外には考えられない．したがって，情報分野以外の専門基礎教育においても情報システムの構想・企画と構築に関して学ぶことは極めて重要であろう．
　本書の目的は，情報システムがどのようにして構想・企画され構築されるかを学ぶことである．主として情報システムを構想・企画し発注する側に必要な知識を解説する．すなわち，将来も含めて情報システムの構築に携わるときに，振り返って役に立つ知識を解説する．したがって，本書の趣旨は単に情報技術に関する知識を得ることではなく，本書により，情報システムを企画したり調達したり，法や制度の理解も背景として情報システムを運用したりするための基礎的な素養を身に付けて欲しい．
　本書の主な対象読者は大学で学ぶ学生であり，専門分野は問わない．学部・大学院の別も問わない．将来それぞれの立場から情報システムの構築に携わるかもしれない人に読んで欲しい．したがって，本書は大学の教養教育（共通教育）もしくは専門基礎教育の一環として教えられることを想定している．情報分野の学生

にとっては，ソフトウェア開発の基礎について解説し情報技術について概観しているので，専門分野の学習への入門として活用できるが，情報システムの開発を行うためには本書では全く不十分であり，専門分野のさらなる学習を必要とする．

　本書の構成は以下の通りである．第 1 章では情報システムの具体的な例を参照しながら，情報システムについて概観する．第 2 章では情報システムの構想と企画に関して解説する．第 3 章では情報システムの要件定義から設計（外部設計および内部設計）までを解説する．第 4 章では情報システムの構築と運用について解説する．第 5 章では情報システムに関連する法と制度について解説する．第 6 章では情報システムの基礎にある情報技術について解説する．第 7 章では情報セキュリティに関する技術について解説する．

　本書は，東京大学大学院情報理工学系研究科が中心となって進めているリーディング大学院（ICT グローバル・クリエーティブリーダー育成プログラム）の「情報システム論」の授業に基づいている．この授業は，和泉憲明先生，橋田浩一先生，山口利恵先生，大西立顕先生と筆者が共同で教えているが，本書の多くの章はこの授業の教材をもとにして書かれている．諸先生方には深く感謝したい．また，1.1 節と付録 A の学務システムの解説に関しては，新日鉄住金ソリューションズの諸氏と玉造潤史先生から貴重な情報をいただいた．ここに深く感謝したい．

2015 年 12 月

萩 谷 昌 己

1 情報システムの事例

情報システムとは，コンピュータとそのネットワークを用いて情報の生成や流通を管理し，社会の中で特定の役割を担っているシステムである．

本章では情報システムの具体的な例を参照しながら，情報システムについて概観する．参照する具体例は，東京大学の学生情報システム（学務システム）と日本の鉄道各社において広く利用されている IC カード Suica のシステムである．それぞれの情報システムを理解するために必要なことがらはある程度説明してあるが，必要に応じて次章以降を参照して欲しい．

本章の最後では，今後発展することが期待されるセンサネットワークや Internet of Things への入門として，Arduino を用いたセンサネットワークについて紹介する．

1.1 学生情報システム

学生情報システムは大学における典型的な情報システムである．個々の学生に関する基本的な情報，個々の授業に関する各種の情報，学生による授業の履修に関する情報などを記録するデータベースを有しており，学生や教員は適宜データベースを参照し，情報の参照や入力を行う．このようなシステムは学務システムなどと呼ばれることが多い．

また，授業で用いる教材などの各授業に必要な情報の公開，学生の質問や学生間の議論の場となる掲示板の提供，学生の出席の管理など，授業の遂行を支援する情報システムは学習管理システムと呼ばれる．学習管理システムは学生情報システムと協調することが一般的であり，学生情報システムが学習管理システムの一部となっていることもある．

なお，授業だけでなく，各学生の大学における活動全般を記録する e ポートフォリオ (e-portfolio) などと呼ばれる情報システムも発展してきている．

本節では，東京大学の学生情報システムである UT-mate を例にとって，実際の学生情報システムの解説を行う．以下，UT-mate を学務システムと呼ぶ．

本節では，まず学務システムに期待される機能と予想される課題について考える．その後，実際の学務システムとその開発に関して概説する．最初に学務システムで管理すべきデータベースについてまとめ，次いで学務システムを利用する主なインタフェースであるウェブインタフェースについて説明する．以上を踏まえて，学務システムの構築方法について述べる．特に，サーバとクライアントによるソフトウェアの構成方法と，クラウドを活用した実装方法について説明する．そして，学務システムを例にとって，情報システムにおけるソフトウェア開発プロセスについて概観する．

1.1.1 期待される機能と予想される課題

以下に説明するように，学務システムに期待される機能は，学務に関係する各種のデータベースを管理し，学務に関連する各種の手続きのインタフェースを提供して，各種の手続きに従ってデータベースを適切に更新することである．また，学務に関係する各種の情報を提供し，場合によってはメールなどで通知する機能も期待される．そして，以上のような機能は，一年を通しての学務の業務に整合するように提供されなければならない．

一般に，大学のカリキュラムや履修規則は極めて煩雑であることが多い．特に，東京大学のような大規模な総合大学では学科・専攻の数が非常に多く，したがって授業科目数が膨大であることに加えて，学部・研究科の論理構造が複雑であり，履修規則も学部・研究科によって異なっている．その結果，カリキュラムや履修規則の全体を体系化すること自体が大きなチャレンジとなる．特に，学生の種類，授業科目の種類を漏れなく網羅して，全体の整合性を保つことは非常に難しいと考えられる．また開発後のテストにおいても，事前に学生の多様性を洗い出すことは難しいので，テストの設計と実施には体系的な戦略と細かな工夫が必要であろう．

学務システムは多様な情報を扱うため，情報セキュリティの機能も極めて重要である．学生以外に教職員の種類も定義し，多様な情報へのアクセスをきめ細かに制御しなければならない．

さらに，以上のような機能を漏れなく提供した上で，学務システムに対しては性能面の期待も大きい．たとえば，学期の初めは履修登録などのためにアクセスが集中するので，アクセスのピーク時においても十分な処理能力が必要とされる．

また，学期中は授業は絶え間なく継続するので，システムダウンを避けるのは当然であるが，システムの保守などのためにサービスを停止することは極力避けなければならない．

現在の学務システムは，まだまだ多くの課題は抱えてはいるものの，以上に述べた根本的な課題は解決した上で稼働している．以下では実際の学務システムについて概観する．

1.1.2 データベース

上述したように，学務システムは様々なデータベースを管理している．たとえば各授業に関しては，以下のような情報が管理される．

- 科目名
- 科目分類（分野・種別）
- 開講年度・学期
- 担当教員
- 履修条件
- 単位数
- 曜日・時限
- 教室（開講場所）
- 講義概要（シラバス）
- 授業方法
- 教科書・参考書
- 成績評価方針

これらに加えて，その授業を履修する各学生に対して，履修状況や成績の情報が生じる．

各学生に対しては，入学年度，学年，所属学科，休学履歴，取得単位などの基本的な情報に加えて，上述したように履修している授業に関する情報が生じる．

また，各教員に対して，所属，担当授業などの情報が管理される．

1.1.3 ウェブによるインタフェース

学務システムのユーザは，学生，教員，学務職員に大きく分類される．なお，この他にも学務システム全体の管理や他のシステムとの間でデータの交換を行う人員が必要である．

学務システムのユーザ（学生，教員，学務職員）は，自分の端末（パソコン）や携帯電話（スマートフォン）を用いて学務システムにアクセスし，情報の参照や入力を行う．多くの場合，ユーザはパソコンやスマートフォンの**ウェブブラウザ**を立ち上げ，ウェブブラウザから**インターネット**を通して学務システムにアクセスする．したがって，学務システムはウェブブラウザに応答する**ウェブサーバ**として働いていることになる．すなわち，学務システムは**ウェブサービス**を提供する**ウェブアプリケーション**である．

ここで，念のためにウェブの仕組みについて簡単に説明しておこう．Internet Explorer や Firefox などのウェブブラウザを立ち上げて，**URL** (uniform resource locator) を指定してウェブのページを見ようとすると，URL の中の**ホスト名**によって，インターネット上にあるウェブサーバが探索されてアクセスされる[*1]．ホスト名からどのようにしてウェブサーバが見つけられ，ウェブブラウザとウェブサーバとの間でどのようにしてデータがやり取りされるかについては，第 6 章（6.3 節）でより詳しく説明されている．ここでは，必要なデータをひとまとめにした**パケット**と呼ばれるデータの塊が，ウェブブラウザとウェブサーバの間でやり取りされると考えておく．

ウェブサーバが見つかれば，ウェブブラウザからウェブサーバに URL の情報が伝えられる．すると，ウェブサーバは URL で指定された**ウェブページ**（**HTML 文書**）のデータ（テキストや画像など）をウェブブラウザに送る．ウェブブラウザは受け取ったウェブページのデータを画面に表示する．

ウェブブラウザはウェブサーバから情報を受け取るだけではない．ウェブブラウザ上で，テキストフィールドに文字列を入力したり，メニューを選んだり，ボタンを押したりすると，入力したデータがウェブサーバに送られる．それに従って，ウェブサーバは新ページを送り，ウェブブラウザはそれを表示する．

ウェブサーバは URL や上述の入力データを受けとったとき，ウェブサーバの

[*1] URL を包含する記法として **URI** (uniform resource identifier) があるため，URL を URI ということもある．

どれかのファイルに格納されている既存のページをそのまま返すだけでなく，何らかの計算処理を行った後，その結果に基づいてページのデータを新たに作成してウェブブラウザに返すことも可能である．

何らかの計算処理として典型的なのはデータベースの検索である．つまりウェブサーバは，ユーザからの入力に従ってデータベースを検索し，その結果を含むページを作成してウェブブラウザに送り返す．こうして，ウェブブラウザでデータベースの検索の結果を見ることができる．

実は学務システムでは恒常的に以上のような処理が行われている．たとえば学生がある授業の成績を知りたい場合，ウェブブラウザに学生番号とパスワードを指定してログインするだろう．この入力もウェブブラウザからウェブサーバに伝えられる．ウェブサーバはパスワードが正しいことを確認して，適当なページをウェブブラウザに返す．

次にユーザは，メニューなどを指定して自分の成績を検索するページに移り，さらに授業名を指定すると，検索された成績を含むページがウェブサーバから返されるだろう．

教員が成績を付ける場合も同様である．学生の場合と同様にログインした後，成績の登録のページに移り，さらに授業名を指定すると，その授業を履修している学生のリストを含むページが表示される．すると，ボタンなどを使って各学生の成績を登録することができる．図 1.1 に教員の画面の例を示す．

以上のように，学務システムの利用は主として，ウェブブラウザを通してウェブサーバにアクセスすることにより行われている．したがってこの場合，情報システムへのユーザインタフェースは，ウェブブラウザと関連するページにより実現されている．

なお，ウェブブラウザはスマートフォンでも動かすことができるので，パソコンと同様のユーザインタフェースをスマートフォンでも利用することができる．ただし，携帯電話の場合は画面が小さいので，携帯電話用のページや表示の方法（スタイル）を用いることが一般的である．

1.1.4　サーバとクライアント

一般に，計算やデータ処理など，特定の情報処理を行うソフトウェアを**サーバ**と呼び，サーバに対してリクエストを出してその情報処理を依頼するソフトウェア

1　情報システムの事例

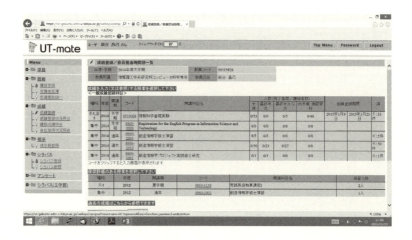

図 1.1　教員の画面．

をクライアントと呼ぶ．すなわち，クライアントとはサーバにサービスを要求するソフトウェアである．ウェブの場合，ウェブページを提供する仕事を担当しているソフトウェアがウェブサーバであり，ウェブサーバにページを依頼して取得する（Internet Explorer などの）ウェブブラウザがウェブクライアントに他ならない．

同様に，データベースを格納し，データベースに対する各種の検索処理を行うソフトウェアをデータベースサーバと呼ぶ．そして，データベースサーバにデータの登録や検索の処理を依頼するソフトウェアが，データベースサーバに対するクライアントとなる．

さて，前述の例のように，学務システムではウェブサーバがデータベースサーバにデータの問い合わせなどを行うことがある．この場合，ウェブサーバはデータベースサーバに対するクライアントとして働いている．このように，サーバとクライアントは相対的な概念である．

また，サーバもクライアントも本来はソフトウェアであるが，それらが稼働するコンピュータ（ハードウェア）をサーバもしくはクライアントと呼ぶこともある．たとえば，ウェブサーバのホスト名とは，ウェブサーバが動いているコンピュータのホスト名のことを指す．

学務システムの場合，学務職員はパソコンで稼働する専用のアプリケーション

を使って，より高度な処理を行っている．この場合，付録Aで説明するように，専用のアプリケーションは，ウェブサーバではなく専用のサーバにアクセスする．つまり，専用のアプリケーションは専用のサーバに対するクライアントとして働く．学務システムでは，このクライアントを業務クライアントという．

以上，学務システムの機能は主としてウェブサーバを通して提供され，ユーザ（学生と教員）はウェブクライアントを用いて学務システムを利用することを説明した．学務システムのより詳しいソフトウェア構成については，付録Aで解説する．

1.1.5 仮　想　化

仮想化については第6章の最後（6.4.4節）で詳しく説明するが，次節のクラウドに先立ってここで簡単に触れておく．

仮想化は情報技術の様々な局面で繰り返し現れる基本概念である．仮想化とは，ある機能を本来その機能を持つもの（ほんもの）ではない別のもの（にせもの）によって実現することである．ただし，その機能を利用する観点からは，ほんものでもにせものでも変わりがない．

特に近年では，一つのコンピュータ全体が仮想化されることが一般的となった．つまり，一つのコンピュータ全体がソフトウェアとして実現されていて，そのようなソフトウェアがハードウェアの（ほんものの）コンピュータの上で動く．しかも特定のコンピュータの上だけではなく，ある時はAというコンピュータ，またある時はBというコンピュータというように，状況に応じて（たとえば負荷の低い）コンピュータが選ばれて，その上でソフトウェアが実行されるようになっている．そして，仮想化された（にせものの）コンピュータの上で動くソフトウェア（たとえばウェブサーバ）にとって，コンピュータの機能を利用する観点からは，ほんものでもにせものでも変わりはない．

1.1.6 ク ラ ウ ド

東京大学の学務システムは，新日鉄ソリューションズ（その後は新日鉄住金ソリューションズ）が開発したパッケージソフトウェアであるCampusSquareに基づいている[8]．**パッケージソフトウェア**とは，特定の種類の業務に対して，標準

的な一連の機能を提供するソフトウェアの既製品のことである．パッケージソフトウェアについては，4.3.1 節でより詳しく説明する．

CampusSquare に基づいて教養学部に向けて開発されたシステムは UTask-Web と呼ばれている．工学部・工学系研究科・情報理工学系研究科に向けて開発されたシステムは UT-mate と呼ばれている．UT-mate は，教養学部以外の学部・研究科に対しても各部局ごとのカスタマイズが行われ利用されている．なお，UTask-Web と UT-mate は統合される予定である．

全体のシステムは図 1.2 のようにクラウドを活用して構成されている（2013 年 4 月時点）．

クラウドコンピューティングについては第 6 章（6.4 節）で解説するが，簡単に述べると，計算やデータ処理のための各種の**リソース**をネットワークを通して利用する情報処理の形態をクラウドコンピューティングと呼び，クラウドコンピューティングによって提供される各種のサービスを**クラウドサービス**と呼ぶ．

学務システムの場合，データベースサーバ（を動かすコンピュータ）やウェブブ

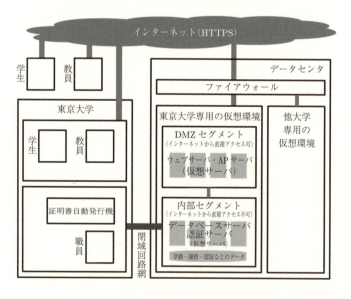

図 1.2 東京大学が学務システムで利用しているクラウドサービスの概要．AP サーバとは，学務職員が利用する専用のアプリケーション（業務クライアント）に対するサーバである．

ラウザからのリクエストに応じるウェブサーバ（を動かすコンピュータ）は，大学に置かれているのではなく，学外のデータセンタに置かれており，ユーザはそれらのコンピュータに常にネットワークを通してアクセスする．

さらに，クラウドコンピューティングでは，前節で説明したように（さらに 6.4 節で説明するように），ウェブサーバを動かすコンピュータが仮想化されており，データセンタの中にある適当なコンピュータの上で実行されるようになっている（図 1.2 参照）．

図 1.3 には，データセンタと大学の間のネットワークが示されている．インターネットに加えて，閉域回路網が用いられる場合がある[*2]．

1.1.7　ソフトウェア開発プロセス

本節では学務システムを例にとって，情報システムのソフトウェアを開発するプロセスについて説明する．情報システムはハードウェアとソフトウェアから成り，学務システムにも種々のコンピュータに加えて，たとえば出席を確認するための学生証やそのリーダなどが含まれるが，本書では，特に開発に関してはソフ

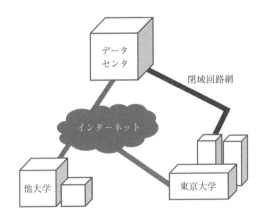

図 **1.3**　学務システムを利用するためのネットワーク．

[*2]　実際に東京大学では，NTT の「ビジネスイーサワイド」という広域イーサネットサービスを利用している．地域ごとの回路網がつながれて，データセンタと大学の間に仮想的なローカルエリアネットワークが張られる．データセンタは都内にあり近距離なので，回線費はそれほど高額にはならない．

トウェアに焦点をあてて解説している．ただし，以下に述べる企画プロセスや運用保守プロセスではハードウェアも対象となる．

ソフトウェア開発プロセスは一般に，企画プロセス，開発プロセス，運用保守プロセスと進む．企画プロセスは本書の第2章（構想と企画）および第3章（要件定義と設計）に対応し，開発プロセスと運用保守プロセスは本書の第4章（構築と運用）に対応している[*3]．

企画プロセスでは，開発するソフトウェアの基本構想が検討され，基本計画が立案される．特にソフトウェアの発注側はベンダーの選定を行う．パッケージソフトウェアを利用する場合はパッケージを選択する[*4]．学務システムの場合は，大学側により調達仕様書が作成される．

具体的に，東京大学の学務システムの仕様書（平成18年2月）は以下の構成となっている．

 I 仕様書概要説明
  1 調達の背景及び目的
  2 調達物品名及び構成内訳
   2.1 調達物品及び数量
   2.2 構成内訳
  3 技術的要件の概要
  4 その他
 II 調達物品に備えるべき技術的要件
  1 既存システムのシステム概要及び機能概要
  2 機能を実現するために導入するパッケージソフトウェアの機能概要
  3 既存システム及び導入パッケージソフトウェアの機能変更及び追加要件
  4 新規開発要件
 III 調達物品にかかるその他の要件

[*3] 本書では，情報システム全体を実現することを「構築」という．
[*4] クラウドを利用する場合は，適切なクラウドサービスを選択する．

上記から明らかなように，仕様書には使用すべきパッケージソフトウェアと，パッケージソフトウェアに対する機能変更と追加要件が記載されている．

一般にソフトウェア開発プロセスは，基本設計，詳細設計，製作，移行，保守運用と進む．基本設計ではソフトウェアに対する要件の定義が行われるが，**パッケージソフトウェア**ではFit&Gap分析と呼ばれる作業がこれに代わる．**Fit&Gap分析**とは，パッケージソフトウェアの有する機能と開発システムに対する要求の間の差を分析することである．上述の仕様書にはFit&Gap分析の結果も含まれており，その意味では仕様書は**要件定義**を与えていると考えられる．

また，仕様書では機能に関する要件に加えて，**非機能要件**も記載されている．非機能要件とは，機能そのものの要件ではなく機能の効率や規模，時間などに関する要件をいう．たとえば，規模要件として以下の記載がある．

> 利用者数は，Webを利用した機能に関しては学生約22,000人及び教員約3,000人，Web以外の業務処理機能に関しては200人程度を想定している．また，Webの利用は同時に約500人が利用することを想定している．

いうまでもなく，年度初頭などにおいて利用者が殺到してシステムがダウンしないように，利用者の規模に関する要件が記載されている．

情報システムを実際に運用する際には業務のフローが定義され，その中で情報システムを利用するためのマニュアルが用意される．さらに利用者への説明会など，情報システム導入のための教育が必要である．

業務フローは，そもそも情報システム構想時にも必要である．情報システムを想定した業務フローを構想し，現状の業務フローと比較して，情報システム導入の効果を予想しなければならない．

業務フローはソフトウェアの設計時にも重要である．特に要件定義において，情報システムの利用形態（**ユースケース**）の抽出に用いられる．ユースケースとは，情報システムとそのユーザとの間でひとつのまとまった仕事をするための情報のやり取りのことで，シナリオと呼ばれる形式で記述される．**シナリオ**とは，業務フローの中で特定の役割を持つユーザ情報システムに対して行う操作を順を追って記述した文書である．

1.2 Suica

本節では，情報システムの別の事例として，日本の鉄道各社において利用されている Suica のシステムについて簡単に紹介する．

Suica は JR 東日本が開発した乗車カードである．Suica を利用する情報システム（鉄道乗車券システム）は，2001 年から JR 東日本管内のエリアでサービスを開始した．

まず，Suica のシステムで用いられている IC カードについて解説する．次いで，Suica を用いた鉄道乗車券システムと決済システムについて簡単に説明する．最後に，鉄道乗車券システムと決済システムに対して予想される課題について考える．

1.2.1 IC カード

Suica のシステムでは，**IC カード**として **FeliCa** が用いられている．FeliCa はソニーが開発した非接触 IC カードである．ソニーによる開発は 1988 年に始まっている．

FeliCa は，不揮発メモリと無線通信チップを搭載した IC カードである．不揮発メモリでは複数種類のデータを管理することが可能である．13.56 MHz において，100–400 kbps で近距離無線通信 (near field radio communication, NFC) を行う．通信を媒介する電磁波が，カードのアンテナに電磁誘導電流を発生させてチップを駆動するので，電源を必要としない．

FeliCa は ISO/IEC IS 18092 として規格化されており，多くの情報システムにより採用されている．たとえば，Edy，Suica，香港の八達通 (Octopus) などでは FeliCa が採用され使用されている．携帯電話にもモバイル FeliCa チップとして搭載されている．

FeliCa の暗号について簡単に触れる．（IC カードと装置の間の）相互認証には，対称暗号（7.3 節参照）である**トリプル DES** が用いられている．通信には（対称暗号である）**DES** もしくはトリプル DES が用いられる．Suica の場合，書き込みには相互認証が行われる．利用履歴を読むには暗号鍵は必要とされておらず，暗号鍵なしで以下の利用履歴に関する情報を読み取ることができる．

- 乗車：日付・入場駅・出場駅・残額・通番
- 入金

● 購入

Suica には直近の利用履歴 20 件と，詳細な利用履歴 3 件が記録されている[*5]．

1.2.2 鉄道乗車券システム

次に，Suica の情報システム（鉄道乗車券システム）について解説する．以下の説明は文献[10]による．

鉄道乗車券システムの主な目的は，運賃の収受と不正カードのチェックである．鉄道乗車券システムは，自律分散システムアーキテクチャにより構築されている．具体的には，IC カード，端末（自動改札機など），駅サーバ，センタサーバが，自律分散的に機能することによりシステムを構成している．これらの構成要素は IC カードと端末も含めて，一定量のデータ保存が可能である．

上述したように IC カードとしては FeliCa であり，処理データを一定量（20 件）蓄積可能である．端末も処理データを一定期間（3 日）蓄積可能である．端末は駅サーバに接続され，駅サーバはセンタサーバとデータを交換する．センタサーバでは，処理データは一定期間（26 週間）蓄積される．以上のようなデータの交換を行うために，三種類のデータフィールド（DF）が定義されている．DF1 では無線通信が行われ，1 秒以内にデータが交換される．DF2 では 1 時間ごとにデータが交換される．DF3 では 1 日ごとと 1 時間ごとにデータが交換される．

具体的に，IC カードと端末はオンラインリアルタイム制御システムを構成し，IC カードは 200 ミリ秒で非同期通信により内容コードを DF1 にブロードキャストする．端末はブロードキャストされた中からデータを選択して収集・処理する．このシステムの基本機能は，運賃の収受と不正カードのチェックであり，その上で旅客の流動性を確保している．

端末と駅サーバとセンタサーバは，ネットワーク情報システムを構成し，1 時間から 1 日の周期で不正データや運賃データを交換している．

より具体的には端末と駅サーバは駅内 LAN によって結ばれ，データフィールドを介して自律分散処理を行っている．すなわち，駅サーバから不正データが DF2 にブロードキャストされる．端末に蓄積している処理データも，一定時間ごとに

[*5] サーバにはさらに多くの利用履歴が記録されており，駅端末において 50 件までは印字することが可能である．

DF2 にブロードキャストされる．駅サーバは内容コードにより選択受信する．

一方，駅サーバは一定時間ごとに処理データを DF3 にブロードキャストし，センタサーバは必要なデータだけ選択受信する．

1.2.3 決済システム

Suica は電子マネーとしても，様々なところで用いられている．駅内の売店のみならず，コンビニやスーパーマーケット，さらに自動販売機でも利用できる．たとえば東京大学基盤センターのプリンタでは，Suica を用いて印刷代金の支払いを行うことができる．

一般に，Suica を決済システムに使用する場合，決済に関係するデータは専用端末から専用回線を通して決済会社に送られる．一方，専用端末は LAN にも接続可能であり，LAN を通して端末を操作することができるが，決済データは LAN には流れない．ただし，近年ではインターネットを利用する決済システムも利用され始めている．

1.2.4 予想される課題

鉄道乗車券システムや決済システムにおいても，多くの課題が予想される．たとえば，決済や顧客管理に対して十分に短い時間でレスポンスが得られるよう，全体のシステムが設計されていなくてはならない．

学務システム同様に，システム全体の複雑さを克服する必要がある．Suica の種類も，大人とこども，クレジットカード，チャージの有無など多様である．また，料金計算には可能な乗り換えパターンを網羅しなければならず，そのために必要な計算時間を見積もることも必要であろう．したがって，開発後のシステムのテストを行う戦略を考えることも，大きな課題となる．

さらに，各種の不正に対して頑健なシステムを実現しなければならない．学務システムと比較して，攻撃者の可能性や攻撃の種類を考慮すると，各段にレベルの高い情報セキュリティを実現しなければならないだろう．また，個人情報の扱いなどに関しては，情報セキュリティに加えて，法，制度，倫理なども考慮したきめ細かな配慮が必要である．

1.3 Arduino とセンサネットワーク

本節では，組み込みシステムを開発するためのフレームワークである Arduino と，それを用いた簡単なセンサネットワークについて紹介する．

組み込みシステムとは，その名の通り各種の機器（デバイス）に組み込まれ，機器の制御等を行う情報システムである．近年では，組み込みシステムがネットワークに接続されることにより機器のネットワークが構成されるのが一般的になっている．特に，多数のセンサから成るネットワークを**センサネットワーク**という．より一般的に，**Internet of Things**（**IoT** と略される）とは，様々な「もの」が接続されたインターネットのことであり，特に各種のセンサやアクチュエータが互いに通信する次世代のネットワークを指す．

1.3.1 Arduino

Arduino は，制御用のマイコン基盤，各種の機器，マイコン上のプログラムを作成するための統合開発環境などから成る，組み込みシステム開発用フレームワークである．

Arduino 基盤は，8 ビット制御用マイコン (Atmel AVR) である．入出力ポートと USB を持ち，全体の仕様はオープンソースとして公開されている[6]．オリジナルの Arduino 基盤はイタリアの企業 Smart Projects によって開発されたが，多くのクローン[7]も存在し，非常に安価である．

Arduino 基盤にはシールドと呼ばれる各種の機器を装着することができる．シールドとは，Arduino 基盤の IO ピンに接続する応用基盤である．センサ，アクチュエータ，通信インタフェース，IC カードインタフェースなど，膨大な種類がある．いずれも安価であり，Arduino 基盤に装着する際には，はんだ付けが不要である．

Arduino には，統合開発環境 (Arduino IDE) が用意されている．C 言語に似た Arduino 言語のコンパイラ，エディタ，アップローダが含まれる．いずれも極めて平易に利用することができ，煩雑なデバイス初期化などが必要ない．Arduino 基盤を制御するプログラムはスケッチと呼ばれる．

スケッチの基本構造は非常に簡単であり，システムの起動時に呼び出される初

---

[6] Arduino はオープンソースハードウェアと呼ばれている．
[7] Japanino（学研・大人の科学），Galileo (Intel), GR-Sakura（ルネサス）など．

期化の関数 setup と，システムの稼働中に繰り返し呼び出される関数 loop から成る．これらの関数の中では，シールドを操作するための各種のライブラリを呼び出すことができる．

1.3.2　センサネットワーク

　Arduino を用いて，センサ，コントローラ，IC カード・タグなどと，ネットワーク（クラウド）を連携させた情報システムを簡単に実現できる．特に，各種の可視化システムをはじめとする**センサネットワーク**，より一般的に，各種の機器が互いに通信して連携する **Internet of Things** を安価に構築することができる．

　具体的に，無線通信を行うシールドを Arduino 基盤に装着すると，インターネット上の通信が可能となり，Arduino 基盤からメールを送ったり，ウェブサーバにアクセスしたりすることができる．

　たとえば，setup で温度センサのシールドと無線通信を行うシールドを初期化し，loop 関数の中で温度センサから現在の温度を取得し，ツイッターにアクセスして現在の温度を投稿する，といったシステムが簡単に実装できる．

　また，GPS のシールドとともにペットに装着して，設定した地域外にペットが出た場合にオーナーに通知する，といったペットの健康管理システムも容易に実装することができる．

　6.3 節で説明するように，コンピュータネットワーク上の通信の規約を**プロトコル**という．Internet of Things においてデバイス間の通信を実現するプロトコルとして，**MQTT**（MQ Telemetry Transport）[*8]がある．MQTT は TCP/IP（6.3.2 節参照）の上に実装されている．したがって，無線通信を行うシールドを用いれば，Arduino においても MQTT を利用することができる．

　MQTT ではブローカと呼ばれるインターネット上のプロセスがデータの収集と配送を行っている．デバイスやサーバは，ブローカにコネクションを張った後，（階層的な文字列で表現される）特定のテーマを指定して，subscribe メッセージをブローカに伝える．すると，それ以後に指定されたテーマを含む publish メッセージがブローカに送られたとき，その publish メッセージの内容が，（同じテーマで）subscribe メッセージを伝えていたデバイスやサーバに送られる．

[*8] 当初は Message Queueing Telemetry Transport の略であったが，現在では Message Queueing とは関係なくなり，MQ の名前だけが残っている．

センサが一定時間ごとにブローカにデータを送るようにしておけば，データベースサーバはブローカを通してデータを収集・集積することができる．さらに，たとえばウェブサーバからデータベースサーバに問い合わせができるようにしておけば，センサネットワーク上のデータをウェブブラウザから得ることができる．

2 構想と企画

本章では情報システムの構想と企画[*1]に関して概観する．

情報システムはシーズから生まれることもあるし，ニーズから（課題を解決するために）生まれることもある．特に後者の場合は，情報システムの費用対効果を分析し，導入に伴う業務の見直しについても検討する必要がある．

いずれにせよ情報システムを構想し企画するには，情報システムが利用される具体的な状況を想像することが重要である．そこで本章ではデザイン思考について紹介する．デザイン思考は，デザイナの感性と方法によってユーザに共感しながら，ユーザがサービスを利用するプロセスを設計する方法論である．人々の要求（ニーズ）と利用可能な技術（シーズ）をマッチさせるという点で，シーズとニーズを掛け合わせてイノベーションを生み出す方法論と考えることもできるだろう．

2.1 シーズからの構想

新しい技術が開発されれば，それを利用する新たなサービスや，そのサービスを提供するための情報システムを構想することが可能となる．また，既存の技術であっても，導入するコストの低減により，新たな可能性が開けてくる場合があるだろう．

たとえば，前章の終わりで Arduino について紹介したが，センサとネットワーク機器が安価になり，無料のクラウドサービスが提供されるようになると，センサとクラウドを組み合わせたサービスを構想することができるようになる．また，記憶装置が安価になり，動画などの膨大な容量のデータが記憶できるようになれば，新たなアプリケーションの可能性が生まれてくるだろう．すなわち，技術の進歩により，これまで不可能だった新たなサービスを構想することが可能となり，新たなサービスを提供する情報システムが必要となる．

[*1] 構想と企画の使い分けは厳密ではない．一応，シーズから考えることを構想，ニーズから考えることを企画とする．

技術だけではなく，法制度の変化もシーズと成り得る．たとえば，マイナンバーが導入されれば，それを適切に処理するための情報システム（の更新）が必要となる．さらには，マイナンバーが浸透し法制度が整ってくれば，それを活用した新たなビジネスが立ち上がり，新たなサービスを提供するための情報システムが求められる．

2.2 ニーズからの企画

多くの場合，何らかの課題を解決するために，新規の情報システムの導入や既存の情報システムの更新を計画するだろう．すなわち，情報システムの導入や更新が課題を解決することが期待される．たとえば，以下のような課題が思いつく．

- サービスの向上
- コストの削減
- 納期の短縮
- 生産性の向上
- 品質の向上
- …

具体例として，工場におけるコストの削減という課題に対して，無駄な在庫の減少という解決策が考えられ，それに従って，新たに生産管理システムの導入もしくは既存の生産管理システムの更新が計画される．また，学務システムの場合，サービスの向上という課題に対して，たとえばメールによる休講のアラートという新たな機能を企画することができる．

2.2.1 経費と効果

現状に課題があり，それを解決するために情報システムを企画し導入する場合，解決すべき課題を明確にした上で情報システムが課題を解決するか否かを予測し，たとえ解決するとしても，情報システムを導入し運用する経費と情報システムによって得られる効果を天秤にかける必要がある．

すなわち，まずシステム調達の目的を明らかにし，情報システムによる効果を評価する．この際，情報システムの直接的な効果（たとえば経費節減）だけでな

く，ビジネス全体に対するインパクトも見積もらなければならない．たとえば，情報システムの目的が新規ビジネスの立ち上げなのか，それとも，既存業務の単なる改善なのかを明らかにする．

また，情報システムにかかる経費としては，導入に必要な経費（一次経費）だけでなく，情報システムを運用し維持するための経費も評価しなければならない．すなわち，導入してから廃止されるまでにかかる総経費を見積もる．この中には保守や利用者教育にかかる経費も含まれる．このような総経費は **TCO** (total cost of ownership) と呼ばれる．

なお，導入に必要な経費は，パッケージ調達と新規開発では大きく異なることに注意する．パッケージソフトウェアを調達する場合，開発に必要な経費は，追加機能開発に限定される．（ただし，追加機能開発にかかる経費が膨大になることもあり得る．）

2.2.2 課題解決のパターン

情報システムによる課題解決のパターンは，システム導入が直接的に課題解決するものと，業務の見直しを行うことで課題解決するものに大別することができる．

前者のパターンでは，部門を横断するような業務の見直しをしなくても，システム化自体によって課題が解決される．たとえば大量データの処理や管理など，人手では時間がかかりすぎたり，正確性を求められる作業を自動で行ったり，手作業で行っていた複雑な手順を自動化することにより，課題が解決される場合である．また，紙のデータを電子化することで，保管スペースの削減，安全性の向上，検索機能の強化，複製の容易性など，媒体としての様々な機能を向上させることができる．

後者のパターンでは，システムの導入を前提として業務の見直しを行うことが必要である．たとえば，以下のような場合がこのパターンに属する．

- 対面での打合せや資料の閲覧などの場所に縛られていた作業を，移動することなく遠隔で処理できるようにする．
- 電話で担当者に確認するなど時間に縛られていた作業を，非同期の情報受け渡しにすることで時間の拘束をなくす．
- 一つ一つの実施に手間がかかるため，まとめて行っていた作業を随時行えるよ

うにする（リアルタイム化）．

このパターンでは，業務を見直さなければ情報システムの導入が不可能であるか，意味をなさなくなってしまう．

一般論として，情報システムを企画する際には，それを導入する組織においてどのような業務の中でどのように利用されるかを想定することが不可欠である．業務全体を見直す必要性が生じる場合もあるだろう．なお，このように企業の業務プロセスを最適化する技術は **BPR** (business process reengineering) と呼ばれている．

2.2.3 情報化戦略

以上のように，情報システムは個々のニーズを分析しその解決策として企画されるものであるが，より広く，情報システムを組織の情報化戦略の中に位置付けることも重要である．

企業の場合，**経営戦略**をもとに**情報化戦略**が立案され，情報化戦略のもとで情報システムが企画される．その大もとになる経営戦略の策定のために，様々な分析手法が用いられている．

- 市場分析
  - ポートフォリオ分析：自社商品の構成状況（ポートフォリオ）
  - ポジショニング分析：自社商品の立ち位置
- **SWOT 分析**：自社の強み・弱み・機会・脅威
- 競合分析
- 財務分析

そして，情報化戦略は以上の分析から策定される経営戦略の一環として立案される．したがって，情報戦略も企業全体の観点から立案されるべきであり，特に縦割りシステムを排除することが必要である．たとえば，**ERP** (enterprise resource planning) は企業の資源を企業全体が最適になるよう配分する手法であり，そのためのソフトウェアが利用されている．また，**EA** (enterprise architecture) は，企業組織の階層構造・相互関係を明確化し，業務プロセスを標準化した上で，その構成要素として情報システムを位置付ける手法である．

企業戦略をもとに情報化戦略を策定するためには，以下のような分析が行われる．

- ニーズ分析
  - アンケート
  - 業務フロー
  - ニーズ管理票
- IT 動向調査
  - 現行の情報システムの分析
  - 現行の情報システムを含む業務フロー
  - ネットワーク・ハードウェア・ソフトウェア

新しい情報システムは，以上のような分析をもとに立案された情報化戦略のもとで，その投資効果も算定しつつ構想・企画されるべきであろう．

2.3 デザイン思考

本節ではデザイン思考について簡単に紹介する．デザイン思考は構想と企画に限定されるものではなく，設計や実装（さらには運用）にも広がる方法論であるが，特に情報システムの構想と企画（および設計）にとって重要と考えられるので，本章で扱うことにする．

デザイン思考の創始者である Tim Brown によれば[13]，

> Thinking like a designer can transform the way you develop products, services, processes — and even strategy.
> デザイナのように考えることにより，製品，サービス，プロセス，さらには戦略でさえも，それらを開発する方法を変革することができる．

すなわち，

> (Design thinking) is a discipline that uses the designer's sensibility and methods to match people's needs with what is technologically feasible and what a viable business strategy can convert into customer value and market opportunity.
> デザイン思考とは，技術的に利用可能なもの，および実行可能なビジネ

ス戦略により顧客価値や市場機会へと転換され得るものと，人々の要求とを一致させるために，デザイナの感性と方法を用いる原理である．

従来，工業デザインにおけるように，デザイナの役割は製品開発の最終段階で顧客の好みに合うデザインを提供することであった．これに対してデザイン思考では，顧客の要求と欲望に叶うアイデアを生み出すことをデザイナに期待する．まさにデザイン思考は，顧客にとっての新たな価値を創造する原理と考えられる．

具体的に，デザイン思考では，デザイナが持つ以下の特徴を重視する．

- **empathy**（共感）：デザイナはユーザに共感して，ユーザ指向でものを考えることができる．
- **integrative thinking**（統合思考）：デザイナは分析的思考も行うが，全体を見渡して，互いに矛盾する諸側面を超越して，今まで誰も考えつかなかったような新たな解を得る．
- **optimism**（楽観主義）：デザイナは楽観的であり，いかに困難な状況にあっても，従来よりもよい解が少なくとも一つは必ずあると思っている．
- **experimentalism**（経験主義）：デザイナは，明確な問題設定と実験に基づいて，新たな解決策を創造する．
- **collaboration**（協働）：イノベーションは一人の天才ではなく異分野の協力者によって達成されるものだが，デザイナ自身も学際的な教養を有している．

より具体的に，デザイン思考はユーザ中心の発見プロセスと，プロトタイプとテストと洗練の繰り返しのプロセスから成り立つ．そして，デザイン思考のプロジェクトは，次の三種類の空間を往来する．

- **inspiration**（触発）── 解へ導く機会：
  - 課題・機会の発見
  - 世界・人々の観察
  - 制約の発見
  - 異分野の専門家の取り込み
  - 極端なユーザの検討
  - ストーリーの作成
  - 新技術の検討
  - 隠れたアイデアの発見

– さらなるストーリーの作成
- **ideation**（観念化）— アイデアの生成と洗練：
  – ブレーンストーミング
  – フレームワークの構築
  – 統合思考
  – 顧客の立場からの検討
  – プロトタイプとテスト
  – さらなるストーリーの作成
  – 内部でのコミュニケーション
- **implementation**（実装）— マーケットへの展開：
  – さらなるプロトタイプとユーザによるテスト
  – マーケティング
  – コミュニケーション戦略の設計
  – ビジネスの展開

以上をまとめると，デザイン思考とは，最終的なユーザの立場に立って（ユーザに共感して），新技術も含めて異分野の技術を統合しつつ，しかもプロトタイプを活用しながら現実のサービスを体感し，繰り返し洗練しながらプロセス全体のデザインを統合的に進める方法論ということができよう．特に，ユーザに共感すること，サービスの具体的なストーリーを作ることが重視される．そのためには，ワークショップやブレーンストーミングが活用される．

3 要件定義と設計

本章では簡単化した学務システムを例として，情報システムの要件定義から設計（外部設計および内部設計）までを概観する．要件定義は，業務要件定義（業務フロー図と概念モデルと業務ルール）とシステム要件定義から成る．要件定義に基づいて情報システムの設計が行われる．情報システムの設計は，アーキテクチャ設計，外部設計，内部設計の順に行われる．本章では設計全体を概観するために内部設計についても簡単に述べているが，情報システムを発注する側にとって必要なところは要件定義と外部設計までであろう．

なお，本章は林らの文献[15]を大いに参考にして書かれている．特に用語や記法などは林らの文献[15]のものをそのまま用いている．

3.1 要件定義

要件定義とは，情報システムに対して求められる機能や性能を定義することである．情報システムの要件定義のプロセスは，業務要件定義とシステム要件定義から成り立つ．**業務要件定義**では，情報システム導入により業務がどのように改善されるかを明らかにする．業務要件定義をもとに，情報システムに対する要件定義である**システム要件定義**が行われる．なお，情報システムには，ソフトウェアに限らず，端末や各種の機器（デバイス）などのハードウェア，さらにネットワークなども含めれる．

情報システムを導入することによって，**業務フロー**，すなわち業務の流れがどのように改善されるかを明確にすることが重要である．このために後に説明するように業務フロー図が作成される．この際，情報システムの導入前の業務を分析し，その結果に基づいて情報システムの導入後の業務を設計する．前者を **AsIs 分析**，後者を **ToBe 設計**と呼ぶことが多い．

パッケージソフトウェア（パッケージシステム）を導入する場合は，パッケージの提供する機能と利用者が必要とする機能との間の差分を分析する．この分析を **Fit&Gap 分析**ということがある．Fit はパッケージの機能と必要とされる機

能が合致する部分，Gap が差分を意味する．

現状の業務を分析するにあたって二つの視点が重要である．一つはイベントの視点，もう一つはインフォメーションの視点である．前者は，業務の各担当者がどのような作業をいつどのような手順で行っているのかという視点であり，後者は，業務全体の中で，どのような情報が生成され送受されているか，個々の情報はどのような構造を持っていて，互いにどのように関連しているかという視点である．以下では具体的に，イベント視点の分析から業務フロー図が得られ，インフォメーション視点の分析から概念モデルが得られることを見る．

3.1.1 業 務 要 件

業務要件定義は業務フロー図と概念モデルおよび業務ルールから成る．いうまでもなく，業務要件は情報システムの導入の前後で変わる．情報システム導入後に対しては，利用者が情報システムを利用するユースケースが新たに作成される．後述するように，**ユースケース**とは，ユーザの視点から情報システムに何をして欲しいかを定める単位であり，より具体的には，ユーザと情報システムと間でひとつのまとまった仕事をするための情報のやり取りを記述するものである．

a． 業務フロー図

AsIs 分析において，イベント視点から業務を分析した結果として，**業務フロー図**を得ることができる．

例として，非常に簡単な学務関連の業務を考えよう．学生は学期の始めに履修を希望する授業に出席して履修登録を行う．具体的には，履修許可書とその控えを作成して担当教員に渡す．担当教員は，履修を許可する場合は，履修許可書にサインをして学生に渡し控えは手元に保管する．学生は履修許可書を保管する．学期の終わりに，担当教員は履修許可書控えに成績を記入して学務課に渡す．学務課は，教員から報告された成績をもとに成績票を作成して学生に渡す．

以上の業務は，図 3.1，図 3.2，図 3.3 の三つの業務フロー図として定式化される．それぞれ，履修登録（図 3.1），成績報告（図 3.2），成績票送付（図 3.3）という名を付けている．

一般に業務フロー図では，業務を行う担当者の作業を縦に時系列に従って描く．

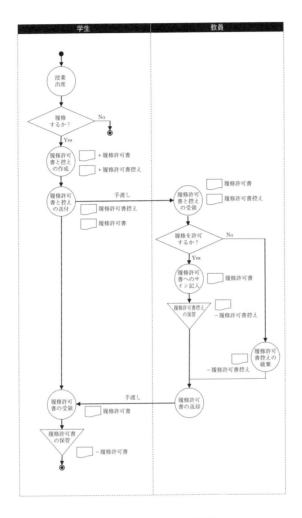

図 3.1 業務フロー：履修登録.

　各々の担当者はその役割を表す名前で参照され，**ロール**と呼ばれる．各ロールが行う作業が描かれる縦長の枠は，**スイムレーン**もしくは**レーン**と呼ばれる．
　スイムレーンの中で実施される個々の作業は**アクティビティ**と呼ばれ，丸枠で表示されその中に作業名が書かれる．各々の業務フローは小さい黒丸で始まる．これは開始点と呼ばれる．なお，業務フローが始まる契機となる条件は**トリガー**と

32   3 要件定義と設計

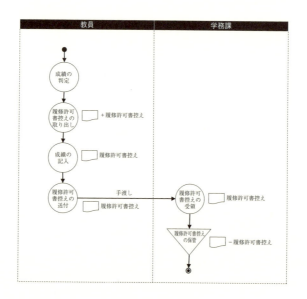

図 **3.2**　業務フロー：成績報告.

呼ばれる．また，業務フローは中黒丸で表された終了点で終わる．開始点と終了点の間にアクティビティが矢印で連なる．

　アクティビティには情報のやり取りを行うものがある．また，情報を生成もしくは消去するものがある．そのようなアクティビティにおいては，発注書や申込書など，ひとまとまりの情報が記載された書類が扱われる．

　書類が二つのロールの間でやり取りされる場合，書類を送るアクティビティから受け取るアクティビティに向かって矢印を書き，矢印に付随してやり取りされる書類の名称を記載する．なお，書類を送るロールと受け取るロールは異なっているはずなので，矢印はスイムレーンを跨って描かれるはずである．

　書類を生成するアクティビティには，生成される書類の名称を符号＋とともに記載する．書類を消去するアクティビティには，消去される書類の名称を符号 − とともに記載する．特に，書類を保管することによって書類を業務から消去するアクティビティは，丸い枠ではなく逆三角形の枠で示される．書類を保管する場合も，書類が業務フローから見えなくなることは単純に書類を破棄する場合と同じなので，両者ともに符号 − を用いている．

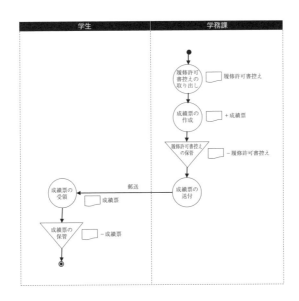

図 3.3　業務フロー：成績票送付.

　業務フローは条件分岐によって枝分かれすることがある．業務フロー図において条件分岐はひし形によって示し，そのひし形の中に条件を記述する．Yes とラベルされた矢印と No とラベルされた矢印によって，条件が成り立つ場合と成り立たない場合に続くべきアクティビティが指示される．

　履修登録の業務フロー図は，学生と教員のスイムレーンから成り立っている．学生と教員のそれぞれにおいて，授業を履修するか，履修を許可するか，という条件分岐が含まれている．成績報告は，教員と学務課のスイムレーンから成り立っている．成績票送付は，学生と学務課のスイムレーンから成り立っている．

　なお，以上の業務フロー図に現れる書類は，履修許可書，履修許可書控え，成績票である．

　成績報告において，学務課は履修許可書控えを保管するが，履修許可書控えには成績が記入されているので，ここで成績も一緒に保存される．なお，成績報告には教員が成績を付ける業務は含まれていない．教員は既に各学生の成績を算出したと仮定している．

　成績票送付では，学務課は保管されていた履修許可書控えを取り出し，履修許

可書控えに記入されている成績をもとに成績票を作成する．簡単のため，この成績票は各学生の各授業における成績を記した書類とする．郵送の際には，各学生に対する成績票を束ねて送付するものとする．

b. 概念モデル

概念モデルは，インフォメーションの視点から業務に関わる情報の構造と関係を定める．具体的には，業務フローの中で扱われる書類の構造と関係が **UML** (unified modelling language) の**クラス図**を用いて定義される．

UML は，特にオブジェクト指向言語によるソフトウェア開発に利用される様々な種類の図の表記法の集合体である．したがって，「UML の図」といっても，一種類の図を意味するものではない．以下では，UML の図の中でも，クラス図について説明する．

クラスとは，**オブジェクト指向プログラミング**において提唱された概念である．オブジェクト指向プログラミングでは，各種のデータを含むあらゆる「もの」を**オブジェクト**と呼ぶ．そして，クラスとは，簡単にいうとオブジェクトの種類のことである．あるクラスに属するオブジェクトは，そのクラスの**インスタンス**と呼ばれる．

クラスに属するインスタンスは，そのクラスで定義される共通の属性を有している．たとえば，学生のクラスを考えると，そのクラスに属するインスタンスは一人ひとりの学生である．そして，すべての学生は，学生証番号，氏名，所属学科などの属性を有している．すなわち，これらの属性は，学生のクラスにおいて定義されている．もちろん，属性の値は個々の学生ごとに異なっていてよい．すなわち，クラスのインスタンスはクラスによって定義される属性を有し，属性の値はインスタンスごとに定まる．特に，学生 ID などの～ID という名前の属性は，インスタンスごとに異なる値を持ち，属性値によってインスタンスを特定できると仮定する．

先の学務業務の例では，履修許可書，履修許可書控え，成績票という三種類の書類が現れていた．これらも含めて，この業務に関わる情報をクラスとして定義する（図 3.4）．

まず，書類に先立って，この業務に現れる基本概念をクラスとして抽出しよう．具体的に，学生と教員と授業のクラスを定義する．

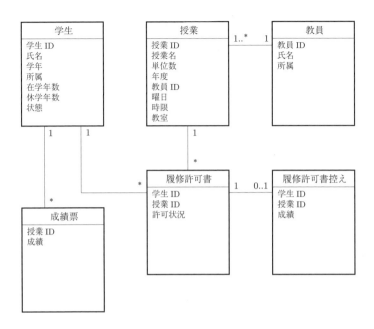

図 3.4　概念モデル.

UMLのクラス図では，クラスは四角い枠で示す．四角い枠は上下に分かれていて，上部にはクラスの名前を示す．下部には，そのクラスのインスタンスが持つ属性を並べる．たとえば学生のクラスの場合，学生ID（学生証番号），氏名，学年，所属，在学年数，休学年数，状態という属性が定義されている．

さらに，三種類の書類のクラスを定義する．履修許可書のクラスは，学生ID，授業ID，許可状況という属性から成る．許可状況という属性には，担当教員が履修を許可したかどうかが記録される．この属性は，真か偽もしくは1か0の値を取るとするのが自然だろう（真は1，偽は0で表すとする）．履修許可書控えのクラスは，学生ID，授業ID，成績という属性から成る．成績票のクラスは，授業IDと成績の二つの属性から成る．成績票のインスタンスは，各学生と各授業の組み合わせに対して一つずつ作られると想定している．また，各成績票はその学生に送られることを想定しているので，学生IDを成績票に含めていない．以上の想定は不自然かもしれないが，AsIs分析によって現状をモデル化した結果と理解して欲しい．

クラスとクラスの関係は，クラスを表す四角い枠を線で結ぶことによって示す．線の上には，線で結ばれたクラスに属するインスタンスの間の対応関係を，1とか*とか1..*とかいったラベルを用いて示す．「1」は必ず1回，「*」は0以上の任意回数，「1..*」は1以上の任意回数を意味する．このような回数の指定を**多重度**という．

たとえば，学生と成績票の間の関係は「1対*」となっているが，これは，各学生に対して，0以上の任意枚数の成績票が対応していることを示している．先に述べたように，各学生と各授業ごとに成績票が作られ，各学生に対する成績票が束ねられて学生に送られると想定している．

学生と履修許可書の間の関係も「1対*」となっているが，この場合，各学生に対応する履修許可書の学生IDの属性は，その学生の学生IDの属性と一致していなければならない．

教員と授業の間の関係も「1対多」となっている．ここでは，各授業を担当する教員は一人であると仮定している．また，各教員は必ず一つ以上の授業を担当すると仮定している．そこで，授業と教員の間の関係において，授業側は「1..*」，教員側は「1」と指定している．

c. 業務ルール

業務ルールとは，業務フローや概念モデルでは表現しにくい取り決めを，規則として定式化したものである．

業務フローに関連する業務ルールとしては，トリガー，分岐条件，作業制約，帳票構造などがある．

- **トリガー**は業務フローを開始する契機を定義する．たとえば，履修登録は，学期の第一週目に学生が行う．
- **分岐条件**は業務フローが分岐する際の条件のことである．たとえば，履修登録において，教員が履修を許可するかどうかは，授業の種類，学生の所属，教室のキャパシティなどを考慮に入れた条件となるだろう．
- **作業制約**は，各アクティビティが実行される際に満たされなければならない制約条件である．たとえば，学生が各授業に対して作成する履修許可書とその控えは，それぞれ多くとも1枚ずつに限る．
- **帳票構造**は書類の構造を定義する．たとえば，履修許可書の形式を与える．

概念モデルに関連する業務ルールとしては，用語定義，導出規則，状態遷移などがある．用語定義は概念モデルに現れる用語の説明を与える．

- **導出規則**は，クラスのインスタンスの属性の計算方法などを記述する．たとえば，成績票の成績の値は，その学生の学生 ID と授業 ID を持つ履修許可書控えの中の成績の値から定まる．
- **状態遷移**は，クラスのインスタンスの属性が，アクティビティの実行などによってどのように変化するかを記述する．たとえば，教師が履修を許可した場合，履修許可書の許可状況は真もしくは 1 に変化するだろう．

d. 情報システムの導入

情報システムの導入前の業務を分析することを **AsIs 分析**というのであった．業務フロー図と概念モデルの作成は AsIs 分析の一環である．AsIs 分析では，さらに，システム導入の目的（たとえば，経費の削減，規模の拡大）を明確にした上で，目的を達成するために解決すべき課題を洗い出す．

情報システムの導入後の業務を設計することを **ToBe 設計**というのであった．いうまでもなく，ToBe 設計においては，洗い出した課題の一つ一つに対して，いかにして情報システムがその課題を解決するか（もしくは解決しないか）を明らかにしなければならない．

ToBe 設計の結果として得られる業務フローでは，情報システムを意味するシステムというロールが右端に追加され，他のロールは，このロールとのやり取りを行うアクティビティを含む（図 3.5 参照）．システムとやり取りするアクティビティは左が尖った楕円で示し，システムを表すアイコンとの間には矢印が描かれる．矢印の向きは厳密に定義されるわけではないが，システムへの入力を強調したいときは右方向，システムからの出力を強調したいときは左方向となる．

例として，学務システム導入後の学生の履修許可依頼の業務フローと，学務課による履修許可依頼確認の業務フローを図 3.5 に示す．

履修許可依頼では，学生は授業に出席し履修の希望を持った場合，学務システムにアクセスして履修許可の依頼を行う．

履修許可依頼確認では，学務課は適当な時点で学務システムにアクセスして，未処理の履修許可依頼があるかどうかを確認する．未処理の履修許可依頼があった場合，担当教員に履修許可判定をメールで依頼する．メールを受け取った教員は

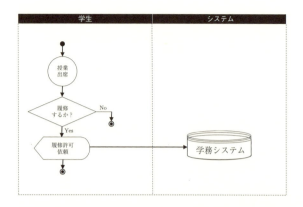

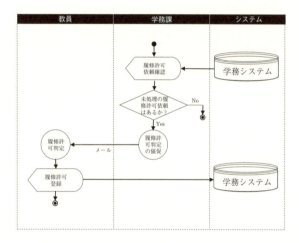

図 3.5　業務フロー：情報システムの導入後．

履修許可判定を行い，学務システムにアクセスしてその結果を登録する．

　以上の他に，教員が学務システムに成績を入力する業務フロー，学生が学務システムを用いて自分の成績を出力する業務フローが追加される．

　一般に，システムの導入により概念モデルを改訂する必要が生じる．学務システムの例の場合，履修許可書およびその控えに代わって，それらを統合した履修というクラスを導入する（図 3.6）．履修のクラスは，学生 ID，授業 ID，許可状況，成績という属性を有する．システムの導入前は，履修許可書控えに成績を記

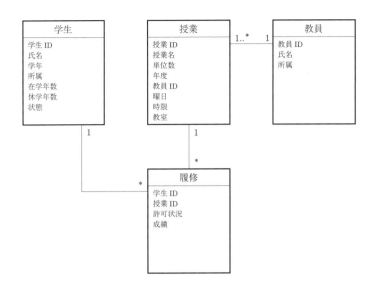

図 3.6　概念モデル：情報システムの導入後．

入するようになっていたので，履修許可書およびその控えを統合したクラスにも成績という属性が含まれる．

システムの導入後は，学生は学務システムを用いて成績を出力する．特に，授業を指定してその成績を画面に出力させることが可能となる．その際，出力される成績は履修のクラスから求められるのでシステムの導入前にあった成績票というクラスは必要なくなる．

e. ユースケース

既にユースケースという言葉が出てきているが，ここで改めてユースケースについて説明しておく．なお，ユースケースの具体例については，3.2.2 節を参照されたい．

ユースケースとは，情報システムの利用者が情報システムを使う個々の場面（ケース）のことであり，ユースケースには利用者の視点からシステムに期待される個々の機能を記述する．したがって，ユースケースは情報システムの要件定義の基本単位ということができる．

ユースケースを具体的に表現するためには，**ユースケース図**や**ユースケース記**

述などを用いる．後者は，通常の文章を用いて情報システムとその利用者の間の情報のやり取りや操作の手順を記述する．なお，ユースケース記述の詳細についても 3.2.2 節で述べる．

3.1.2 システム要件

先に述べたように，要件定義プロセスでは，業務要件定義を行った後，システム要件を定義する．

システム要件定義では，ユースケースを中心にシステムの機能を定義するとともに，システムの実装に関する制約や，ソフトウェアやハードウェアの構成方針を定義しなければならない．具体的に，システム要件定義は，機能要件，非機能要件，アーキテクチャ方針などから成る．

たとえば学務システムは，学生や教員が使用する端末，出席をとるための学生証リーダ，成績証明書を出力するプリンタ，サーバを稼働するコンピュータ，各種のデータをバックアップするためのストレージなど，多くのハードウェアから構成され，それぞれのハードウェア上に適切なソフトウェアが実装されなければならない．ソフトウェアを実装するためのオペレーティングシステムやライブラリの選択も重要である．これらのハードウェアやソフトウェアを構成する指針を与えるのが，**アーキテクチャ方針**である．

機能要件は，システムが提供すべき機能に関する要件であり，ユースケース一覧，バッチ一覧，外部インタフェース一覧，全体システム構成図などから成る．全体システム構成図は，当該システムと他のシステムとの関係を示す．

機能要件以外の要件を**非機能要件**という．アーキテクチャ方針も非機能要件の一種と考えられる．非機能要件は，この他に，可用性，性能・拡張性，セキュリティ，システム環境・エコロジーなどがある．これらはシステムが提供するサービスに関するものであり，**サービス要件**と呼ばれる．

可用性に関する要件としては，稼働率が典型的である．性能・拡張性も重要である．学務システムの場合，学期の初めにアクセスが集中するので，同時に何件のリクエストを処理可能であるべきかを定義する．また，新しいカリキュラムに対応可能な拡張性も必要である．

非機能要件としては，サービス要件以外に，運用保守要件や移行要件がある．運用に関する要件としては，運用時間，業務支援，運用監視，ドキュメント管理，起

動・停止などがある．保守に関する要件としては，メンテナンス，障害対応などがある．

移行要件は，現行のシステムが稼働している場合に，現行のシステムから新しいシステムにどのように移行するかを定義する．具体的には，システム，データ，業務の移行方法に関して定義する．なお一般に，移行の方式には，一斉移行，逐次移行，並行稼働の三種類がある．

3.2 設 計

要件定義に基づいて，情報システムの設計を行う．情報システムの設計は，アーキテクチャ設計，外部設計，内部設計の順に行われる．

3.2.1 アーキテクチャ設計

アーキテクチャ設計では，アーキテクチャ方針に基づき，システム構成を定める．システム構成は，物理構成と論理構成から成る．

a. 物 理 構 成

物理構成では，具体的なハードウェアの構成を定める．ハードウェアとしては，利用者が用いる端末やコンピュータ（クライアントマシン），センサなどの各種のデバイス，情報システム本体が稼働するコンピュータ（サーバマシン），それらをつなぐネットワークなどが考えられる．

情報システムによっては新たにハードウェアを開発することもあるが，本書では，新たな開発はソフトウェアに限定しており，ハードウェアは，物理構成を検討する際に既存のものから取捨選択するとする．

b. 論 理 構 成

論理構成では，ソフトウェアの構成，ソフトウェア間の通信方式，ソフトウェア配置の方法などを定める．特に，アプリケーションの構成や連携方法を**ソフトウェアアーキテクチャ**という．

一般にアプリケーションの構築のために，ネットワークやユーザインタフェース

の機能を提供する各種のライブラリが用意されており，アプリケーションはそれらのライブラリを，**API** (application programming interface) を通して利用する．

さらに，典型的なアプリケーションを組むための雛形が提供されていることが多い．個々のアプリケーションの開発においては，雛形の中でアプリケーションに依存する部分を埋めて行けばよい．**フレームワーク**とは，そのような雛形とアプリケーションに依存する部分を埋めるための作法をまとめたものである．特にウェブアプリケーションは，そのためのフレームワークを活用して開発されることが多い．

上述したアプリケーションの雛形は，一つもしくは複数のデザインパターンを含むことが一般的である．**デザインパターン**とは，オブジェクト指向プログラミングにおける，オブジェクトの組み合わせ方の典型的なパターンのことである．

たとえば，画面インタフェースを有するアプリケーションは，**モデルとビューとコントローラ**から成る **MVC デザインパターン**に基づいて作られることが多い．モデルはアプリケーション固有のデータを保持するオブジェクトであり，ビューはモデルを表示するためのオブジェクト，コントローラはモデルを操作するためのオブジェクトである．そして，MVC デザインパターンに基づくフレームワークを，**MVC フレームワーク**という．A.3 節で紹介する Spring MVC Framework は，その具体例である．

MVC フレームワークに基づいて開発されるウェブアプリケーションは，プレゼンテーション層，アプリケーション層，インテグレーション層に分かれる．これらの三層によるソフトウェアアーキテクチャを**三層アーキテクチャ**という．ビューとコントローラがプレゼンテーション層を構成し，モデルがアプリケーション層とインテグレーション層を構成する．モデルのうち，コントローラからの依頼を処理するオブジェクトがアプリケーション層を成す．また，モデルのうち，データベースへのアクセスを行うオブジェクトがインテグレーション層を成し，データベースとのインタフェースを提供する．

3.2.2 外部設計

本節では，ウェブアプリケーションとして実現されるエンタプライズシステムを例にとって，外部設計について説明する．**エンタプライズシステム**とは，エンタプライズ，すなわち企業がその業務を遂行するために，企業の特定の部門もし

くは企業全体によって用いられる情報システムを意味する．エンタプライズシステムと並立する語として組み込みシステムがある．**組み込みシステム**とは，特定の機器（たとえば自動車）の中で稼働するソフトウェア（組み込みソフトウェア）を活用する情報システムを意味する．

なお，画面操作によるユーザインタフェースを伴う情報システムには，パソコンではなくスマートフォンやタブレットを活用するものも多いが，特にクライアントとしてウェブブラウザを利用する場合は，そのユーザインタフェースの実現技術はパソコンと大きく変わることはない．以下で述べる画面設計なども，画面の大きさや操作方法にバリエーションはあるものの，パソコンと同様に行われる．前節のMVCデザインパターンも適用することができる．また，サーバの実現技術は共通である．したがって，以下の説明の多くの部分は，スマートフォンやタブレットを活用する情報システムにも当てはまる．

ソフトウェアの**外部設計**には，エンタプライズシステム（ウェブアプリケーション）の場合，以下の設計が含まれる．

- 画面設計
- 外部システムインタフェース設計
- データベース論理設計

これらの設計は，（詳細設計に対する）**基本設計**とも呼ばれる．

以上の設計には詳細なユースケース記述が必要となるので，まずユースケース記述について述べる．

a. ユースケース記述

ユースケース記述では，要件定義において網羅された個々のユースケースの記述を行う．ユースケース記述は以下のような要素から成る．

- 概要
- アクター
- 制約条件
- シナリオ
- 関連資料

まず，ユースケースの概要の記述がある．ここでは主にそのユースケースの目

的を述べる．

アクターは，ユースケースの中で情報システムとやり取りする主体である．人の場合もあるし，他の情報システムの場合もある．いずれにせよ，個別の名前や識別子ではなくロールによって呼ばれる．**ロール**とは，ユースケースの中での役割を意味し，業務フロー図におけるロールに対応する．なお，アクターには主アクターと支援アクターがある．

制約条件とはそのユースケースを実行するための各種の条件のことで，具体的には，事前条件，成功時保証，トリガーなどがある．事前条件は，そのユースケースを開始する前に成立していなければならない条件である．成功時保証は，以下で述べるシナリオが成功したときに成り立つ条件である．トリガーは，ユースケースを開始する契機を意味する．

シナリオがユースケースの本体である．**シナリオ**では，やり取りされる情報とともに，システムと主体が行う操作を順に記述する．シナリオは，ステップと呼ばれる基本単位の並びである．エラーや例外事項が起きたときのシナリオを別に記述することがある．これを拡張シナリオという．本来のシナリオは主シナリオという．

ユースケースによっては，さらに関連資料を付けることがある．

具体例として，履修許可依頼のユースケースを以下に記述する．

- 目的：学生が履修を希望する授業の履修許可依頼を登録する．
- トリガー：学期の開始時に学生が授業の履修を希望したとき．
- 主アクター：学生．
- 事前条件：主アクターはアカウントを持っている．
- 成功時保証：履修許可依頼が登録される．
- 主シナリオ：
    1. 主アクターは学務システムにログインする．
    2. 学務システムはメニューを表示する．
    3. 主アクターは履修許可依頼画面を要求する．
    4. 学務システムは履修許可依頼画面を表示する．
    5. 主アクターは履修許可依頼画面に授業の情報を入力する．
    6. 学務システムは授業を検索し授業の内容を表示する．

7. 主アクターは授業を確認して履修許可依頼を行う．
8. 学務システムは履修許可依頼を受理したことを表示する．
9. 主アクターは履修許可依頼が受理されたことを確認する．

- 拡張シナリオ：

   2a ログインに失敗する場合

    .1 学務システムは主アクターに通知してユーザ名の入力を促す．

    .2 ステップ1に戻る．

   6a 入力された授業が存在しない場合

    .1 学務システムは主アクターに通知する．

    .2 ステップ4に戻る．

   8a 入力された授業の履修を許可できない場合

    .1 学務システムは主アクターに通知する．

    .2 ステップ4に戻る．

b. 画 面 設 計

　画面設計では，アプリケーションの各画面のイメージと画面間の遷移関係を設計する．たとえば，上記のユースケースにおいては次のような画面が用いられている．

- ログイン画面
- 学務システムのメニューを表示する画面
- 履修許可依頼画面：検索用のフィールドがある．
- 授業内容を表示する画面：履修許可依頼のボタンがある．
- 履修許可依頼を受理したことを表示する画面

以上の画面のイメージを設計し，これらの画面の間の遷移関係を設計する．画面の間の遷移関係は，図3.7のような画面遷移図によって示す．図3.7では，ログインに失敗したとき，簡単のため単純にログイン画面を再表示することにしている．

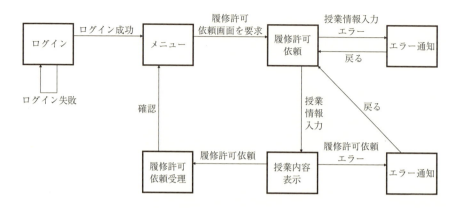

図 3.7　画面遷移図.

c. 外部システムインタフェース設計

外部システムインタフェース設計では，外部システムとのインタフェースを設計する．学務システムの外部システムとしては，たとえば，教員に関するデータを管理するデータベースサーバ，成績表を印刷するプリントサーバなどが考えられるだろう．

d. データベース論理設計

データベース論理設計では，概念モデルであるクラス図をデータベースを実装するための **ER 図** (entity relation diagram) に変換する．図 3.8 は，図 3.6 のクラス図を変換して得られた ER 図である．一見したところ，クラス図と ER 図は大きくは異ならない．クラス図（概念モデル）のクラスは，ER 図では**エンティティ**と呼ばれ，ER 図のエンティティ同士の関係は**リレーション**という．

ER 図のエンティティは関係データベースのテーブルを表している．図 3.8 の ER 図のエンティティが表すテーブルを図 3.9 に示す．関係データベースの詳細（テーブルやキー）については，6.2.8 節を参照して欲しい．クラス（エンティティ）のインスタンスはテーブルの行に対応する．たとえば，学生のクラス（エンティティ）のインスタンスは一人ひとりの学生であったが，学生のテーブルの一行に一人の学生のデータが格納される．また，クラス（エンティティ）の属性はテーブルの属性に対応するが，ER 図のエンティティではキーとそれ以外の属性を区

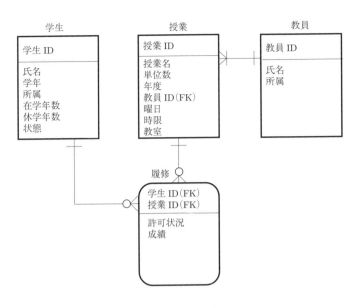

図 **3.8** ER 図.

別し，横線の上にキーを書く．

また，クラス図の多重度は ER 図では親子関係に対応する．子のエンティティは角の丸い枠で表される．親のエンティティのキーには，外部キー（6.2.8 節参照）であることを意味する "(FK)" を記す．FK は foreign key の略である．

データベース論理設計ではさらに，ER 図の各エンティティに対してテーブル定義書を与える．テーブル定義書では各属性に対して，データ型，データのサイズ，必須かどうか，主キーかどうか，外部キーかどうかなどの情報を記述する．図 3.10 は授業のテーブルの定義書である．PK は primary key の略で主キーを意味する．

3.2.3 内 部 設 計

ソフトウェアの**内部設計**には，エンタプライズシステム（ウェブアプリケーション）の場合，以下の設計が含まれる．

- 画面プログラム設計

学生

学生ID	氏名	学年	所属	在学年数	休学年数	状態

授業

授業ID	授業名	単位数	年度	教員ID	曜日	時限	教室

教員

教員ID	氏名	所属

履修

学生ID	授業ID	許可状況	成績

図 3.9 データベース．

- ビジネスロジックプログラム設計
- データベースプログラム設計
- データベース物理設計

これらの設計は，（基本設計に対する）**詳細設計**とも呼ばれる．

a. 画面プログラム設計

画面プログラム設計では，画面間の遷移関係の詳細を定め画面プログラムの設計を行う．遷移関係の詳細はシーケンス図を用いて表現することができる．

シーケンス図は業務フロー図に似ており，各種の画面，ユーザ，MVCデザインパターンのコントローラなどがスイムレーンとなる．これをもとに画面プログラ

項番	属性名	タイプ	サイズ	必須	PK	FK	項目説明
1	授業ID	数値型	10	○	○		
2	授業名	文字列型	20	○			
3	単位数	数値型	1	○			
4	年度	数値型	4	○			西暦年度
5	教員ID	数値型	10	○		担当教員のID	
6	曜日	数値型	1				月曜1, 金曜5
7	時限	数値型	1				1時限～5時限
8	教室	文字列型	5				

図 **3.10** データベース定義書.

ムの設計が行われる.

画面プログラムは,おおよそ MVC デザインパターンのビューに相当する.

b. ビジネスロジックプログラム設計

ビジネスロジックプログラム設計では,そのアプリケーションのモデルを操作するロジックを設計する.ビジネスロジックプログラムは,おおよそ MVC デザインパターンのコントローラに相当する.

c. データベースプログラム設計

データベースプログラム設計では,データベースにアクセスするプログラムを設計する.データベースプログラムは,おおよそ MVC デザインパターンのモデルに相当する.

d. データベース物理設計

データベース物理設計では,利用するデータベースのソフトウェアに従って,各テーブルの定義を詳細化する.属性名を具体的に決め,属性のサイズやデータ型をデータベースのソフトウェアに合わせて定義する.インデックス(索引)の設定なども行う.

4 構築と運用

本章では情報システムを実際に構築[*1]し運用するための方法について概説する．

情報システムはハードウェアとソフトウェアから成り，情報システムによっては新たにハードウェアを開発することもあるが，本書では，新たな開発はソフトウェアに限定することとする．ハードウェアに対しては，アーキテクチャ設計においてシステム構成のうちの物理構成を検討する際に，既存のハードウェアを取捨選択する，という立場を取っている．

したがって，情報システムの構築に関しては，ソフトウェア開発を中心に解説する．まず，提案依頼書を中心にソフトウェアの発注について述べる．その後，ソフトウェアの設計については前章で説明したので，本章では特にソフトウェア開発プロセスとプロジェクト管理について解説する．また，パッケージソフトウェアやオープンソースソフトウェアなどの既存のソフトウェアを活用する可能性についても述べる．クラウドの活用についても触れる．

最後に情報システムの運用と保守について簡単に述べる．

4.1 発注

本節では，ソフトウェアの開発業者（ベンダー）に対して，ソフトウェア開発を発注するプロセスについて紹介する．

4.1.1 業者の選定

一口にソフトウェアのベンダーといっても，その種類は非常に多い．ソフトウェア関連の業種を羅列すると以下のようになる．

ネットビジネス企業，システムインテグレータ (SI)，コンサルティング

[*1] 本書では，情報システム全体を実現することを「構築」といっている．パッケージソフトウェアやクラウドを活用することにより，新たにソフトウェアを開発することなしに情報システムを構築できる場合もある．

会社，シンクタンク，ソフトハウス，情報システム子会社，コンピュータメーカー，ソフトウェアメーカー，保守ベンダー，調査会社

以上の中にはソフトウェアの開発業者とはみなせないものも多いが，できるだけ広い範囲においてベンダーの候補を検討することはよいことだろう．

次節で述べるように，ベンダーを選定するためは RFP (request for proposal) を発行しベンダーからの提案の評価することが一般的であるが，FRP の前に RFI (request for information) を利用することも考えられる．

RFI (request for information) は情報提供依頼書と訳される．ベンダーに対して，構築しようとする情報システムに関連する情報の提供を依頼する．以下のような情報が想定されるが，必要な情報のみを記載すればよい．

- 会社情報・製品情報
- 当該システムへの対応可能性（価格・期間）
- 当該システムに関する優位性
- 同様の（同業他社に対する）事例
- …

RFP と比較して，RFI に対する提案の評価には手間が余りかからず，提案のためのベンダーの負担も小さいので，RFI の発行は何社に行ってもよい．

4.1.2 提 案 依 頼 書

RFP (request for proposal) は提案依頼書と訳される．RFP とは，情報システムの導入や委託業務を行うにあたって，発注先の候補となるベンダーに提案を依頼する文書のことである．提案要請書・提案要求書・提案要望書・入札依頼書・見積依頼書・依頼内容書なども，RFP の一種と考えられる．

RFP を発行するにあたっては，あらかじめ評価基準を策定しておくことが重要である．RFP は，提案の評価の手間を考えると，3–5 社に発行するのが適当である．依頼から提案まで 3 週間程度が適当である．

RFP は以下のような内容から成る．

- システム構築の目的
- システム化の対象範囲

- 要求仕様
- 開発体制と役割
- 本番稼働時期や構築スケジュール

要求仕様はさらに以下のような項目から成る．

- 解決したい課題
- 基本となる機能
- 非機能要件
- 現行システムとの関連

4.2 開　　発

本節では，ソフトウェア開発プロセスとプロジェクト管理について解説する．

4.2.1 ソフトウェア開発プロセス

ベンダーによるソフトウェアの開発は，特定の**ソフトウェア開発モデル**（もしくは**ソフトウェア開発方法論**）に従う**ソフトウェア開発プロセス**に沿って進められることが多い．したがって，ベンダーがどのような開発プロセスを採用しているかを把握するためには，開発モデルにどのようなものがあるかを知っておく必要がある．

a. ウォーターフォール

ウォーターフォール型の開発モデルは，要件定義 ⇒ 設計 ⇒ 実装 ⇒ テストと，順序よく（水が高いところから低いところに流れて行くように）開発プロセスが進むことを想定するソフトウェア開発モデルである．

図 4.1 にウォーターフォール型モデルの開発プロセスを示す．この図のように各工程が V 字型に並んでいるため，ウォーターフォール型モデルは **V 字型モデル**ともいわれる．要件定義などの上流の工程から実装などの下流の工程に向かって，開発プロセスは右下に流れて行く．実装の後，単体テストに始まり下流から上流に向かって，テストの工程が右上に流れて行く．左の作成の工程と右のテストの工程は対応している．たとえば，内部設計では各手続きのプログラムのロジック

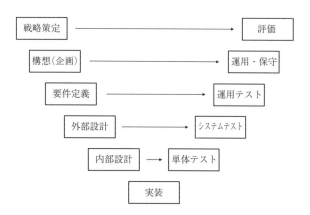

図 4.1　ウォーターフォール型モデル（V 字型モデル）．

が設計されるが，これに対応する単体テストでは，各手続きが内部設計に従っているかが手続きごとにテストされる．

b. スパイラル

スパイラル型（反復型）の開発モデルでは，要件定義 ⇒ 設計 ⇒ 実装 ⇒ テストという一連のプロセスが反復される．最初のサイクル（イテレーションもしくはスパイラル）ではプロトタイプ（試作品）が開発され，これの評価をもとにして次のサイクルが繰り返される．

c. アジャイル

アジャイル型の開発モデルでは，数週間というような非常に短いサイクルを繰り返してソフトウェアを開発する．目的のソフトウェアを多数の小さな機能に分割して，機能ごとにサイクルを走らせてその開発を行う．開発された機能は開発プロジェクト内で即座にリリースされる．

エクストリームプログラミングはアジャイル型の開発モデルの一種で，上の一般論に加えて，さらに様々な作法を定めている．たとえばペアプログラミングがその一つである．ペアプログラミングでは，二人が一組となってプログラムの開発を行う．一人がプログラムを書き，もう一人はそれをチェックすることに専念する．

4.2.2 実　　装

前章では，ソフトウェア開発プロセスのうち，内部設計（詳細設計）までを概観した．

次のステップである実装（コーディング[*2]）は，内部設計に基づいて適切なプログラミング言語やフレームワークを用いて行われる．

3.2.1 節でも述べたように，多くのアプリケーション分野において，典型的なアプリケーションや一部の機能を実装するための雛形が用意されていることが多い．そのような雛形を**フレームワーク**もしくは**アプリケーションフレームワーク**という．また，雛形に沿ってアプリケーションを開発する作法もフレームワークということがある．フレームワークを用いたソフトウェア開発では，その作法に従って雛形の中を適切に埋めることでアプリケーションやその一部の機能が実装される．フレームワークの具体例は，6.2.6 節，6.2.7 節，A.3 節にある．

一般にフレームワークは，大規模ソフトウェア開発における生産性向上の手段と考えられているが，ソフトウェアの品質統制の手段でもある．特に，フレームワークに従って実装されたソフトウェアは，単体テストなどのテストを統一的に効率よく行えるようになっている．

4.2.3 テ　ス　ト

ソフトウェアおよび情報システム全体の**テスト**には，以下のような種類がある．

- 機能テスト
  - 単体テスト
  - 結合テスト
  - システムテスト
  - 受け入れテスト
- 非機能テスト
  - 性能テスト
  - セキュリティテスト

[*2] 本書では情報システムにおける開発をソフトウェアに限定しているので，実装 = コーディングと捉えているが，一般にはハードウェアも実装される．

- 可用性テスト
- 移行テスト
- 運用テスト

図 4.1 にあったように，**機能テスト**のうちの**単体テスト**は内部設計に対応し，各手続きが内部設計に適合しているかどうかがテストされる．

機能テストのうちの結合テスト，システムテスト，受け入れテストは機能要件に対応する．結合テストはユースケースに従って行われ，図 4.1 にはないが外部設計に対応している．

機能テストのうちのシステムテストは業務フローに従って行われ，図 4.1 にあるように，外部設計に対応している．

機能テストのうちの受け入れテストは利用者によって行われるテストである．

非機能テストは非機能要件に対応している．

4.2.4 プロジェクト管理

プロジェクトマネージャとは，工事における現場監督に相当する．ソフトウェア開発に対しても，近年では標準的な手法により**プロジェクト管理**が行われるようになった．したがって，発注側もプロジェクト管理の概要を知っていれば，その急所を的確に把握することができ，中間成果物をチェックすることによりソフトウェアの品質を統制したり，開発の進捗を把握することにより納期を正確に見積もることができたりするだろう．

a. 品質の統制

情報システムの品質を統制するためには，ソフトウェア開発におけるプロジェクト管理が重要となる．システムに表出する欠陥の発生原因や影響箇所を把握しておけば，問題が発生したときに速やかに検知することができる．また，あらかじめ問題発生の原因に対策を施しておくことにより，各種の欠陥を予防することができる．

欠陥の表出は，原因混入時期よりも後ろのプロセスで起こるため，欠陥・問題の根本原因に対処しなければ，次々に欠陥が量産されてしまう．このため，プロジェクト全体の欠陥の総量は，いつ，どこに手を打つかで決まる．

したがって，欠陥・問題を早期に検出することが重要であり，そのためには，継続的にメトリクス（定量的な測定データ）を収集し分析することが必要となる．大規模システム開発では計画的な評価と見直しの実施だけでは対策が後手となるため，成果物の作成・品質に関するメトリクスを収集・分析して，問題の予兆を見つけ，重点的に検査することが重要となる．

各種の評価，見直し，診断などから収集できるメトリクスを蓄積して，その推移を分析することで，成果物の品質状況を把握することができ，さらにその対策状況を分析することで，プロジェクトの健全性を測定できる．

b. PMBOK

PMBOK (project management body of knowledge) は，米国 PMI (Project Management Institute) が発行する知識体系であり，プロジェクト管理の国際的な標準と考えられている．

九つの管理エリアがあり，各エリアごとに知識が体系化されて，そのそれぞれに主要なプロセスが定義される．各プロセスに対しては，必要情報（入力），利用ツール・テクニック，成果物（出力）が定められる．

PMBOK の九つの管理エリアは以下のようである．

- スコープ[*3]
- タイム[*4]
- コスト
- 品質
- ヒューマンリソース
- コミュニケーション[*5]
- リスク
- 調達
- 統合

以上の九つの管理エリアの全体に，44 のプロセスが定義される．これらのプロセスは，以下の五つのプロセス群のいずれかにも属している．

---

*3 プロジェクトのスコープ（範囲）の定義とその管理（検証・監視）．
*4 プロジェクトのスケジュールの管理．
*5 プロジェクト内の情報の共有．

- 立ち上げ
- 計画 (Plan)
- 実行 (Do)
- 監視 (Check·Act)
- 終結

4.3 既存ソフトウェアの活用

本節では，パッケージソフトウェアやオープンソースソフトウェアなど，既存ソフトウェアの活用の可能性について簡単に触れる．

4.3.1 パッケージソフトウェア

パッケージソフトウェアとは，特定の種類の業務に対して，標準的な一連の機能を提供する既製のソフトウェアのことであった．一般に，情報システムを導入しようとする業務がパッケージソフトウェアに適合している（もしくは業務をパッケージに適合できる）場合には，小さい経費で高機能の情報システムを導入することができる．

パッケージソフトウェアの例として，ERP の統合型ソフトウェアが挙げられる．**ERP** (enterprise resource planning) とはすべての企業資源の全体最適な活用計画のことで，そのための統合型ソフトウェアが提供されているが，これを活用するにはパッケージに合わせた業務改革が必要となる．

業務にどうしてもパッケージソフトウェアに適合できない部分がある場合，パッケージソフトウェアのカスタマイズを行う．このためには，**Fit&Gap 分析**と呼ばれる分析を行う．Fit はパッケージソフトウェアが業務に適合する部分，Gap は業務との食い違いを意味する．この分析は要件定義もしくは外部設計（基本設計）の一部として位置付けられる．

1.1 節で紹介した東京大学の学務システムも，パッケージソフトウェアである CampusSquare をカスタマイズすることにより開発されている．

4.3.2 オープンソースソフトウェア

オープンソースソフトウェアとは，ソースプログラム（6.2.1 節参照）が公開されているソフトウェアのことである[*6]．近年，多くのオープンソースソフトウェアが開発されている．したがって，オープンソースソフトウェアを活用することにより，非常に小さい経費で情報システムを開発できる可能性がある．

実際に，オペレーティングシステム，言語処理系，データベース，各種のソフトウェアを開発するためのフレームワークが，オープンソースソフトウェアとして開発されており，情報システムもそのようなソフトウェアを活用して開発されている．

さらに，オープンソースのパッケージソフトウェアも開発されている．したがって，情報システム全体をオープンソースソフトウェアとして導入することも可能である．

しかしながら，オープンソースのパッケージソフトウェアをカスタマイズする必要が生じると，オープンソースでない場合と同様のソフトウェア開発が必要となる．また，オープンソースのパッケージソフトウェアをそのまま利用できる場合であっても，運用や保守は欠かせない．

4.3.3 クラウド

クラウドコンピューティングは，ネットワークを通してコンピュータの各種のリソースが提供される情報処理の形態である．詳しくは 6.4 節を参照して欲しい．**SaaS** (software as a service) ではソフトウェアがサービスとして提供され（6.4.1 節参照），**PaaS** (platform as a service) では，ソフトウェアを開発するプラットフォーム（フレームワーク）がサービスとして提供される（6.4.2 節参照）．したがって，PaaS のもとでサービスとして提供されるソフトウェアを組み合わせることにより，完結した情報システムを構築することが可能である．

しかしながら，クラウドを活用する場合でも，たとえプログラミングは行わなくとも，ソフトウェアの選択やソフトウェアの連携の設計を行う必要があり，要件定義から外部設計までの工程は欠かせない．また，ソフトウェアが完成した後

[*6] 多くの場合はボランティアによって開発されるが，企業が戦略的にオープンソフトウェアを開発したり，既存のソフトウェアをオープンにしたりすることもある．

の運用と保守も必要である．

4.4 運　　用

情報システムの**運用**について簡単に述べる．情報システムを円滑に運用するためには，利用者側と運用者側と情報システム自体が噛み合っていなければならない．

4.4.1 利　用　者

利用者側には情報システムを受け入れてもらうためのインセンティブを与えることが重要であろう．まず利用者には，情報システム導入の意義を理解してもらう．また，利用者のトレーニングや利用者からのフィードバックを情報システムの改善に生かすことも重要である．

また，利用者の業務フローと情報システムの整合性を構築・保持しておくことが重要である．

4.4.2 運　用　者

SLA (service level agreement) とは，情報システムの運用者と利用者との間で，運用の内容・範囲・品質の水準を明確にし，それが達成できなかった場合のルールとともに，前もって合意することであり，それを明文化した文書・契約書も意味する．もともとは通信業者と顧客の間で取り交わされていたものである．以下に述べる ITIL の重要な要素ともなっている．

SLA の具体的な項目としては以下のようなものがある．

- 可用性 — サービス時間，サービス稼働率，障害回復時間
- パフォーマンス — 応答時間，ターンアラウンドタイム[*7]，スループット[*8]
- キャパシティ — ディスク容量，ディスク使用率
- データ保全性 — バックアップ頻度，バックアップデータ保管期間

[*7] 処理を要求してから結果を出力し終わるまでの時間．
[*8] 単位時間あたりの処理量．

これらの項目は，情報システムの非機能要件としても指定されるが，運用時にはSLAによって保証される．

ITIL (information technology infrastructure library) は，英国 CCTA (Central Computer and Telecommunication Agency) がベストプラクティス[*9]をまとめたフレームワークであり，IT サービス運用のデファクトスタンダード[*10]となっている．

ITIL は次のような項目から成り立っている．

- サービス管理
- サービス支援（日常的な運用管理作業）
  - インシデント[*11]管理
  - 問題管理 — インシデントの原因・将来起こり得る問題
  - 変更管理
  - リリース管理 — 実際の変更作業
  - 構成管理
- サービスデリバリ（中長期的運用管理計画）
  - サービスレベル管理

4.5 保　　　守

ソフトウェアの**保守**とは，運用の過程で発見されたバグや不具合を修正するとともに，ソフトウェアの種々の改善を行うことをいう．どちらも，利用者からのフィードバックを考慮して行うことが重要である．

また，ハードウェアやオペレーティングシステムの更新（バージョンアップ）に伴い，ソフトウェアが引き続き稼働可能なように，更新に対応する修正を行う必要がしばしば生じる．

[*9] 経験的に最良と考えられる方法．
[*10] 国際標準規格などの正式な標準規格ではないが，広く用いられることにより実質的な標準となっている規格．
[*11] 事件・事故もしくは，それらの契機となる事象．

5 法 と 制 度

本章では情報システムに関連する法と制度について概観する．一般に，情報システムは各種の個人情報を保持しており，個人情報保護法に関連した対策は極めて重要である．また，ソフトウェアや各種のコンテンツの著作権の扱いも重要である．内部統制に関しても簡単に説明する．

5.1 社会における情報システム

情報システムは社会の中で稼働し，直接的にも間接的にも人々に様々な影響を与える．したがって，情報システムの構築や運用に際しては，各種の法，規則，制度，慣習，倫理などに配慮しなければならない．

特に，個人情報を扱う情報システムにおいては，プライバシーに関する法と制度が重要である．また，著作物を扱う情報システムにおいては著作権の知識が必要となり，情報システム自身も著作物から成り立っている．これらの法や制度は，技術の進歩や社会の変化とともに頻繁に改訂されるので注意を要する．なお，以下の解説は 2015 年 11 月の現状に基づいている．

企業における情報システムは，企業の内部統制に合致し，内部統制を支援するものでなければならない．本章では内部統制に関しても簡単に触れる．

以上の法や制度以外にも，情報システムを構築・運用するためには，情報システムが利用される分野における様々や法や制度に関する知識が必要である．

さらに，法や制度以外にも，情報システムが社会の中で稼働する限り，社会の慣習や倫理に従わなければならない．たとえば学生情報システムは，大学の規則・慣習や学生のモラルなどに適合したものでなければならない．また，特に公平性に留意しなければならない．医療情報システムにおいては，より多くの様々な法，規則，制度，慣習，倫理などに配慮しなければならないだろう．

しかしながら，それらのすべてについて解説することは不可能であるので，本章では，情報システムの構築や運用にとって最も重要と思われる法と制度として，プライバシーに関する法と制度，著作権，内部統制について説明する．その他の

法や制度で，各種の情報システムに共通すると思われるものについては，最後の節で簡単に触れる．

5.2 プライバシー

本節では個人情報保護法など，**プライバシー**に関する法と制度について紹介する．

5.2.1 個人情報保護法

個人情報保護法は，個人情報の有用性に配慮しながら個人の権利利益を保護することを目的として，2003年5月に成立し，2005年4月に施行された．個人情報保護に関する官民を通じた基本理念のもとに，民間の事業者における個人情報の取扱いのルールを定めている．

- 利用，取得に関するルール
- 適正，安全な管理に関するルール
- 第三者提供に関するルール
- 開示などに応じるルール

5000人分以上の個人情報のデータベースなどを事業の用に供している業者が，その対象となる．ただし，2015年の改正では，5000人分に満たない個人情報を扱う業者も対象となることとなった．

そもそも**個人情報**とは，「生存する個人に関する情報であって，当該情報に含まれる氏名，生年月日その他の記述等により特定の個人を識別することができるもの」であり，「ほかの情報と容易に照合できて，それにより特定の個人を識別することができるもの」を含むと定められている．したがって，銀行口座，収入，学歴，病歴なども含まれる．特に基本四情報とは，氏名，生年月日，性別，住所のことをいう．

第三者提供に関するルールでは，収集した個人情報を第三者に提供する場合，次の事項を通知し同意を得る必要がある．

- 第三者提供すること
- 個人データの内容・提供方法

- 本人の求めにより第三者提供を停止すること

2015年には，上述したように小規模取扱事業者への対応が変わった他，以下のような改正が行われた．

- 個人情報の定義の明確化
- 適切な規律の下で個人情報等の有用性を確保
- 匿名加工情報
- 個人情報保護指針
- 個人情報の保護を強化（名簿屋対策）
- 個人情報保護委員会の新設及びその権限
- 個人情報の取扱いのグローバル化
- オプトアウト規定の厳格化
- 利用目的の制限の緩和

5.2.2 OECDガイドライン

個人情報保護法は，**OECDガイドライン**がもとになっている．1980年にOECDより「プライバシー保護と個人データの国際流通についてのガイドラインに関する理事会報告（Recommendation of the Council concerning Guidelines governing the Protection of Privacy and Transborder Flows of Personal Data）」が出され，以下の8原則がOECDガイドラインとして確認された．

- 収集制限 — 情報主体への通知または同意
- データ内容 — 正確・完全・最新
- 目的明確化
- 利用制限 — 目的以外の使用禁止
- 安全保護 — 紛失・破壊・使用・修正・開示などからの保護
- 公開 — 収集方針・存在・利用目的・管理者などの公開
- 個人参加 — 所在・内容の確認・異議申し立ての保証
- 責任 — データの管理者の責任

5.2.3 国際的な動向

アメリカでは，包括的なプライバシー保護法制は存在しない．自主規制と個別法により対処している．また，プライバシーに関して，オプトアウトが原則となっている．**オプトアウト**とは，元来，団体から脱退する，活動への参加を止める，不参加を表明する，という意味であり，より一般的に，当初は自由に行われていたことを後から無効化したり差し止めたりすることをいう．これに対して，**オプトイン**とは，団体に加入する，活動へ参加する，参加を表明する，という意味であり，より一般的に，前もって同意を与えることをいう．

ヨーロッパでは 1995 年に **EU データ保護指令**が出され，個人情報保護の法制が整っている．（日本の個人情報保護法にも影響を与えている．）EU データ保護指令では次の 7 原則が定められている．

- 本人への通知
- 本人の選択
- 再移転の同意
- 安全管理措置
- データの完全性
- 本人のアクセス
- 実効的な法執行

また，オプトインを原則としている．

ヨーロッパにおける個人情報のヨーロッパ以外の国への移転は，「十分性の基準」を満たしている国に対してのみ許可され，そうでない場合は個人情報の移転が制限される．残念ながら，日本はこの「十分性の基準」を満たすとまだ認められていない．

「十分性の基準」は，（プライバシー保護の）内容の原則と手続き・執行の構造から成る．後者において，法令遵守の十分な水準の確保が求められ，データの本人に対する支援と援助が提供されなければならない．さらに，適切な救済の実施が求められる．このためには，独立した裁定または仲裁により，法令違反をした当事者に対して損害賠償と罰則を科すことができなければならない．

上述したように日本は「十分性の基準」を満たす国とはまだ認められていないが，特に最後の点（独立した裁定または仲裁）への対応の一環として，2015 年の

個人情報保護法の改正において個人情報保護委員会が新設された．

5.2.4 忘れられる権利

2012年1月，EUは新しいデータ保護規則の法案を公表し，データ保護は指令から規則へと法制度を整備しつつある．この中に**忘れられる権利**（第17条）が定められており，個人データの管理者は請求があった場合に当該データを削除しなければならないとされる．特に子どものときに掲載した情報についてこの権利が認められると強調されている．

忘れられる権利に対してGoogleは反対していたが，2014年5月，この権利を先取りした判決がEU司法裁判所より出された．現在では，主な検索エンジンは削除要請に応じるようになっている．

なお，日本においては，2001年に成立した特定電気通信役務提供者の損害賠償責任の制限及び発信者情報の開示に関する法律（プロバイダ責任制限法）に従って，インターネットサービスプロバイダはウェブサイトの削除要請に自主的に応じている．また，上述したような世界的な動向に従い，日本国内における検索エンジンも削除要請に応じるようになって来ている．

5.2.5 匿名加工情報

個人情報に対して個人を特定できなくする処理を施して得られたデータを，**匿名加工情報**と呼ぶ．

2013年7月，JR東日本はSuicaの利用データを日立製作所に提供した．提供された情報は，乗降駅，利用日時，利用額，年齢，性別のみであり，特定の個人を識別できないものであったが，事前に利用者の同意を得ていなかったために，多くの批判を浴びることとなった．

政府のIT総合戦略本部は，「ビッグデータ」をビジネスに利用することを見据えて，個人が特定されないよう処理した匿名性の高いデータは，本人の同意がなくても第三者に提供できるよう制度を見直す方針を取り，2015年の個人情報保護法の改正において，匿名加工情報を定義しその扱いを定めた．この改正において匿名加工情報は，個人情報の一部を削除するか他の記述等に置き換えることにより，個人情報を復元することができないようにしたものと定義されている．

5.2.6 マイナンバー

　個人情報保護法に関連して，個人番号（マイナンバー）制度について簡単に触れておく．個人番号制度の法律（行政手続きにおける特定の個人を識別するための番号の利用等に関する法律）は，2013 年に交付された．2015 年 10 月より，**個人番号**（マイナンバー）の通知が始まった．氏名・住所・生年月日・性別・個人番号が記載された紙の「通知カード」が送付され，通知カードを顔写真つきの IC カードに切り替えることも可能である．通知された個人番号の利用は 2016 年 1 月に開始される．個人番号を含む個人情報は，特定個人情報と呼ばれる．

　2017 年 1 月には行政機関が個人番号を使って個人情報をやり取りするシステムが稼働予定である．当面の間，社会保障や税などの行政分野に限定され，医療など他分野は先送り（施行後 3 年をメド）とされている．

5.3　著　作　権

　著作権は，本・映画・音楽などの作者が持つ複製などの権利であり，これを保護することにより作者が安心して製作に取り組めるようにすることで，文化の発展に寄与することを目的としている．

　著作権法によれば，著作物とは「思想又は感情を創作的に表現したものであって，文芸，学術，美術又は音楽の範囲に属するもの」とされている．著作権は，このような著作物における表現を保護するものであり，アイデアなど著作物に表現されている内容を保護するものではない．これに対して，特許制度はアイデアを保護するためにある．

　特許とは異なり，著作権は著作物の完成と同時に発生する．特許のような公示制度がないため，同様の著作が同時に行われた場合，著作者が他の著作について互いに知らなければ，それらは独立の著作とみなされる．また，著作権侵害は親告罪であり，著作権者が告訴しなければ犯罪とはならない[*1]．

　著作権は，具体的に以下のような権利から成り立っている．

- 複製権
- 上演権及び演奏権

[*1]　今後，非親告罪化される可能性がある．

- 上映権
- 公衆送信権など
- 口述権
- 展示権
- 頒布権 — 映画
- 譲渡権 — 映画以外
- 貸与権 — 映画以外
- 翻訳権,翻案権など

著作権法では著作権に加えて,著作者人格権が定められている.著作者人格権は,公表権,氏名表示権,同一性保持権から成る.著作者人格権は人格権の一種である.これに対して,著作権は財産権の一種であり譲渡することが可能である.

個人情報保護と比べて著作権の歴史は長く,各種の条約[*2]により国際的な統一が図られて来ているが,細かな点に関しては国ごとに異なっている.たとえば,日本の著作権法では著作権が制限される条件が細かく規定されているが,米国では,フェアユース (fair use) という一般的な条件が定められている.

以下では,特に情報システムに関連する観点から著作権について眺める.

5.3.1 情報システムの著作権

情報システムに関係する著作権として,プログラムの著作権が挙げられる.プログラムは,1985 年の著作権法改正で「著作物」として明文化された.ただし,保護されるのはプログラムであり,プログラミング言語・アルゴリズムは著作権の対象外である.

したがって,情報システムにおいて,プログラムを含む各種の文書は著作物として保護されるが,情報システムの背後にあるアイデアや原理といったものは,著作権によって保護されない.

情報システムにおいては,各種の文書の他に,情報システムの外見に関連する著作権を考慮する必要がある.特に画面デザインを含むユーザインタフェースが著作物(思想又は感情を創作的に表現したもの)として認められることがある.したがって,既存の情報システムのユーザインタフェースを参考にする場合は,著

[*2] 環太平洋パートナーシップ (TPP) 協定もその一つであろう.

作権侵害にならないよう注意する必要がある．

オープンソースソフトウェア（4.3.2節参照）では，ソースプログラムが公開・配布され，その実行，解析，複製，改変が可能である．さらに，改変したプログラム（二次著作物となる）の公開・配布も許可されることがある．このための契約の雛形として，**GPL** (GNU General Public License) や **CC** (Creative Commons) が提唱されている．GPL に基づく契約文書や CC のマークをソースプログラムなどに付すことにより，許諾契約が成立する．GPL では二次著作物も GPL を継承することが義務付けられるのに対して，CC では何種類かの選択肢の中から適切な契約のタイプを選べるようになっている．なお，CC はソフトウェアだけでなく広く著作物に適用することができる．

5.3.2 送信可能化権

インターネットにおける送信は放送と性質が似ているが，放送とは異なり，必要な設備は非常に安く許可も必要ない．組織内で情報を共有する仕組みを利用して，世界中に情報を発信することができる．また，クライアントがサーバに要求したときだけサーバが返答するので，サーバに著作物をアップロードしただけでは，「送信」したことにはならない．以上のような状況を考慮して，1997年の著作権法改正では，**送信可能化権**が公衆送信権の一部として新たに定められた．

したがって，著作物を扱う情報システムにおいては，送信可能化権を侵害しないように注意すべきである．

5.3.3 検索サービスのための複製権の制限

2009年の著作権法改正では，インターネットの検索サービスを実施するための複製などに係る権利制限が認められた．すなわち，検索サービス業者が，そのサービスを提供するために行う複製に対しては，権利制限が認められ複製を行うことができるようになった．ただし，違法に送信可能化されていた著作物であることを知ったときは，それを用いないという条件が課されている．

5.3.4 違法ダウンロード

情報システムとは直接には関係しないが，2009年の著作権法改正では，私的使用目的の複製に係る権利制限規定の範囲の見直しが行われ，違法コンテンツのダウンロードが違法化され，2012年の著作権法改正では，違法ダウンロードが刑事罰化された．

5.4 内部統制

内部統制（狭義の内部統制）は，金融商品取引法（証券取引法等の一部を改正する法律およびその整備法）において，財務報告に係る内部統制の評価および監査の基準として定められている．いわゆる日本版 SOX 法と呼ばれている．

内部統制は投資家の保護と金融市場の健全化を目的に，上場企業に対して定められている．より具体的な目的は，業務の有効性および効率性，財務報告の信頼性の確保，事業活動にかかわる法令等の遵守，資産の保全である．

内部統制は以下の六つの基本的要素から成る．

- 統制環境
- リスクの評価と対応
- 統制活動
- 情報と伝達
- モニタリング（監視活動）
- IT への対応

特に，IT（情報技術）への対応に関しては，次の項目が定められている．

- IT 環境 — 内部統制に関係する IT の状況の把握と反映
- IT 利用 — 統制環境・リスクの評価と対応・統制活動・情報と伝達・モニタリングのそれぞれの領域における IT の活用
- **IT 統制** — 情報システムに対するリスク（情報改竄・情報漏洩）の予防・発見・回復

以上の目的を達成するために，業務記述書，業務フロー，RCM (risk control matrix) などの文書化が求められる．

5.5 情報システムに関連するその他の法と制度

その他，情報システムに関連する法や制度は数多い．

他の製品やサービスと同様に，情報システムの構築や運用に利用されるアイデア，技術，デザインや，それらを記述した文書は，知的財産として保護される．著作権法については上述したが，特許法や意匠法も重要である．

ビジネスモデル特許は，ビジネス方法（ビジネスモデル）の特許という意味であるが，主として，情報システムを使ったビジネス方法の特許を意味する．たとえば，Amazon のワンクリック特許が有名である．一時期，ビジネスモデル特許が注目され非常に多くの出願があったが，実際に特許が成立する割合が他の種類の特許と比べて低く，成立後に無効とされることも多くあり，往時よりも出願数は減っている．ただし，現在でもビジネスモデル特許の出願は定常的に行われている．

不正競争防止法も情報システムに関連している．たとえば，2011 年の改正では，アクセス制御（7.2.4 節参照）を回避する機能を持つ機器の提供が違法となり，刑事罰も導入された．

情報システムも製造物であるがゆえに，製造物責任法の対象になると考えられるが，現行の製造物責任法では，製造物とは「製造又は加工された動産」と定義されているため，特にソフトウェアはその対象から外されている．ただし，ソフトウェアを組み込んだハードウェアは製造物とみなされる．その場合でも，製造物責任が問われるのはハードウェアの製造者である．

6 情報技術

　本章と次章では，情報システムの基盤となる情報技術について概観する．本章ではハードウェアとソフトウェアについて述べた後，ネットワークの基礎について解説する．最後に，クラウド技術の進展について触れる．情報セキュリティに関する技術については次章で概観する．

6.1 ハードウェア

　本節では，コンピュータシステムのハードウェアについて，コンピュータアーキテクチャも含めて概観する．

6.1.1 論理回路

　コンピュータの内部では，データもプログラムも，すべての情報は0と1の列として表現されている．一般に0か1かの二者択一の情報はビットと呼ばれる．
　情報を0と1のみで表現する利点の一つは，情報を処理するための演算素子も記憶素子も，2種類の入出力や状態を識別するだけで済むため，低コストなものを用いることができる点である．具体的には，電圧の二つのレベル（低いか高いか）によって2種類の入出力を表すことにより，コストが低く信頼性の高い電子回路によって演算素子を実現することができる．また，情報を記憶するためにも，2種類の状態があれば十分であるので，様々な方式によって記憶素子を実現することが可能である．
　一般に，0と1のみで情報を表現すると，情報を処理するための規則の数を最小にすることできる．たとえば，二進法による加減乗除に必要な規則の数は，十進法と比べて著しく少ない．（たとえば，掛け算のための九九の表の項目数は，十進数ならば99であるが，二進数ならばたった一つである．）
　0と1だけを扱う演算素子と記憶素子から作られる回路を一般に**論理回路**という．コンピュータは，電子回路によって実現された巨大な論理回路である．なお，

論理回路は電子回路によって実現されることが多いが，他の種類の信号，たとえば光を扱う回路によって論理回路を実現することも可能である．

論理回路は，記憶を持たない組合せ回路と，記憶を持つ順序回路に分類される．後者は前者を含むと考えるのが自然である．したがって，コンピュータは巨大な順序回路である．

a. 組合せ回路

組合せ回路は記憶を持たず，いくつかのビット（0 か 1）の列（並び）を入力として受け取り，いくつかのビットの列を出力として返す論理回路である．入力ビット列に対して出力ビット列は唯一に定まるので，組合せ回路は，入力ビット列に対して出力ビット列を返す関数を計算する．より厳密には，特定の組合せ回路の入力ビット数と出力ビット数は定まっているので，入力ビット数を m，出力ビット数を n とすると，組合せ回路は $\{0,1\}^m$ から $\{0,1\}^n$ への関数を計算する[*1]．

組合せ回路は**論理ゲート**から構成される．論理ゲートは，AND, OR, NOT などの単純な論理演算を行う素子である．論理ゲートも組合せ回路であり，個々の論理ゲートの入力の数と出力の数は定まっている．AND と OR の入力の数は 2 であり出力の数は 1 である．NOT の入力の数は 1 であり出力の数は 1 である．AND は，0 と 0, 0 と 1, 1 と 0 の入力に対して 0 を返し，1 と 1 の入力に対して 1 を返す．OR は，0 と 0 の入力に対して 0 を返し，0 と 1, 1 と 0, 1 と 1 の入力に対して 1 を返す．NOT は 0 の入力に対して 1 を返し，1 の入力に対して 0 を返す．以上の入出力の関係を表にまとめると表 6.1 のようになる．このような表を**真理値表**という．

AND と OR と NOT を代数的演算として捉えた数学の体系を**ブール代数**という．たとえば，AND と OR と NOT の間には以下のような関係が成り立つ．

表 6.1　真理値表．

x	y	AND(x,y)	OR(x,y)	NOT(x)
0	0	0	0	1
0	1	0	1	1
1	0	0	1	0
1	1	1	1	0

[*1]　$\{0,1\}^m$ は集合 $\{0,1\}$ の m 個の直積を表し，m 個のビット列全体の集合と一致する．

$$\mathrm{NOT}(\mathrm{AND}(x,y)) = \mathrm{OR}(\mathrm{NOT}(x), \mathrm{NOT}(y))$$

個々の論理ゲートは，簡単な電子回路によって実現することができる．この際，0と1は電圧の高低によって表現される．そして，任意の組合せ回路はANDとORとNOTを組み合わせて構成することができる．すなわち，0と1の入力に対して0と1の出力を返す関数は，ANDとORとNOTを組み合わせることによって計算することができる．ただし，同じ計算を行うANDとORとNOTの組み合わせ方は多数あり得る．したがって，特定の入出力の関数をなるべく少ない論理ゲートの組合せ回路で構成できれば，より小さい電子回路で実現することができる．そして，ブール代数を用いれば，同じ関数に対してより簡単な論理ゲートの組み合わせ方を機械的に求めることができる．

b. 順 序 回 路

　順序回路は記憶を持つ論理回路である．1ビットの記憶素子は0か1かの2状態を持つ．順序回路はこのような記憶素子と組合せ回路から成る．m ビットの入力を持ち，n ビットの出力を持ち，k ビットの記憶を持つ順序回路は，$m+k$ ビットの入力と $n+k$ ビットの出力を持つ組合せ回路を含んでいる．すなわち，この組合せ回路は，m ビットの入力と k ビットの現在の記憶に対して，n ビットの出力と k ビットの次の記憶を計算して返す．

　コンピュータで実用されているほとんどの順序回路は，**クロック**と呼ばれる周期信号に同期して動作する[*2]．以上に述べたように，クロックの一回のサイクルに従って，入力と現在の記憶から組合せ回路によって出力と次の記憶が計算され，記憶素子の内容が更新される．たとえば，クロックの周期が数ピコ秒（10^{-12} 秒）程度のコンピュータもある．

　コンピュータは巨大な順序回路であり，膨大な数の論理ゲートと記憶素子によって構成される．一つの半導体に数億から数十億個の論理ゲートや記憶素子を搭載することができる．コンピュータは，このような半導体が集まって作られているのである．

[*2] このような順序回路を同期順序回路という．そうでない順序回路は非同期順序回路と呼ばれる．

6.1.2 コンピュータアーキテクチャ

コンピュータアーキテクチャとは，コンピュータの基本的な設計を意味する．コンピュータは，入出力装置や二次記憶装置[*3]も備わって利用可能なシステムとなるが，その中心にはCPUと主記憶装置があり，コンピュータアーキテクチャも，CPUと主記憶装置の基本的な設計を意味することが多い．以下では，CPUと主記憶装置について概観する．

a. CPU

現在のコンピュータの基本となっているアーキテクチャは，**プログラム内蔵方式**と呼ばれるコンピュータアーキテクチャである．コンピュータの基本部分は，CPUと記憶装置と入出力装置から成る．**CPU**（central processing unit, **中央処理装置**）は，プログラムの実行とデータの処理を担っている．

記憶装置（メモリ）は，大きく，**主記憶装置**と**二次記憶装置**に分かれる．なお，CPU内にも**レジスタ**と呼ばれる記憶装置が存在する．レジスタは小規模だが非常に高速にアクセスできる記憶装置で，CPUによる演算の結果などが一時的に置かれる．

コンピュータの全体は，主記憶装置内の**命令**（**機械語命令**）に従って動く．主記憶装置に，入力装置もしくは二次記憶装置から命令およびデータが入る．そして，主記憶装置上の命令がCPUに送られて処理される．処理の結果は出力装置または二次記憶装置に送られる．多くのCPUでは，主記憶装置に**バイト**（8ビット）ごとに**アドレス**（番地）が振られており，アドレスを参照して記憶内容の読み出しと書き込みを行うことができる．

CPUは，制御装置と演算装置から成る．制御装置は，プログラムカウンタ，命令レジスタ，デコーダなどから成り立つ．**プログラムカウンタ**には，次に実行すべき命令のアドレスが入っている．**命令レジスタ**は，主記憶装置から読み出した命令を一時的に記憶する．**デコーダ**は，命令レジスタの命令を解読して，演算装置を制御する信号を出す．演算装置は，各種の演算を行う演算器と，演算の入出力を一時的に保存するためのレジスタなどから成り立つ．なお，プログラムカウンタや命令レジスタもレジスタの一種である．

CPUは，命令の読み込み，命令のデコード（解読），命令の実行の三つのステッ

[*3] ここでは，主記憶装置を一次記憶装置と捉えている．

プから成る命令サイクルを繰り返す．命令の読み込みのステップでは，プログラムカウンタに入っているアドレスに従って主記憶装置から命令を読み出し命令レジスタに格納する．命令のデコードのステップでは，命令レジスタに入っている命令を解読する．命令の実行のステップでは，その結果に従って演算器等を駆動し命令を実行する．

いわゆる64ビットCPUは，64個の0または1のビット列を同時に処理（たとえば加算）することができる．したがって，32ビットCPUの2倍の能力がある．一般的に，ビット数の大きなCPUは大きい数のアドレスを扱えるため，より大きな主記憶装置に直接的にアクセスすることが可能である．

CPUも順序回路であるので，**クロック**に同期して動く．CPUの一つの命令サイクルには，最低でも一つ，一般には複数のクロックのサイクルが必要である．たとえば周波数3.6 GHzのクロックで動くCPUでは，1秒間に36億回のクロックのサイクルがあり，最大で36億回の計算が行われる．

一般に，クロック数（クロックの周波数）が高ければより高速に計算を行えるが，単位時間当りの電圧変化が大きくなり，結果としてCPUの発熱が大きくなる．そのためにCPUを冷却する必要があるため，クロック数には上限がある．

クロック数を上げずにCPUを高速化するために様々な技術が開発されている．**パイプライン**は，複数の命令のサイクルをオーバーラップして実行する技術であり，クロックの一つのサイクルあたりに一つの命令を実行することが可能となる．

また，**マルチプロセッサ**は，1台のコンピュータに複数のCPUを搭載する技術である．**マルチコア**は，一つのCPUのチップ上にCPUの機能を持つ回路を複数個搭載する技術である．チップ上に搭載されたCPUの機能を持つ回路は**コア**と呼ばれる．どちらも，1台のコンピュータで複数のプログラムを同時に実行することを可能にする．

コンピュータの速さを測る尺度として，**FLOPS** (floating point operations per second) がよく用いられる．コンピュータ内部で実数は，その絶対値に従って小数点の位置が変動する**浮動小数点数**と呼ばれる形式によって表現され，浮動小数点数に対する演算を浮動小数点演算という．1 FLOPSとは，1秒間に1回の浮動小数点演算ができることを意味する．たとえば，Intel Core i7 (3 GHz) は，6コアを持ち1クロックで8回の浮動小数点演算ができるので，$3\,\text{GHz} \times 6 \times 8 = 144\,\text{GFLOPS}$となる．

b. 主記憶装置

現在，様々な種類の記憶装置（メモリ）が開発され利用されている．半導体で作られるメモリにもいくつかの種類がある．**不揮発性メモリ**とは，電源を切っても内容を保持できるメモリで，フラッシュメモリ（USBメモリ，SSD）が具体例である．一方，電源を切ると内容が失われる**揮発性メモリ**としては，SRAMとDRAMがある．**SRAM** (static random access memory) は動作が高速だが高価なので，キャッシュ（後述）やレジスタに使われる．**DRAM** (dynamic random access memory) は安価で大容量化が可能なので，**主記憶装置**として用いられる．

メモリには読み出し専用のメモリがあり，これらは **ROM** (read only memory) と呼ばれる．主記憶装置の一部として用いられる ROM もあるし，二次記憶装置として用いられる ROM もある．

上述したプログラム内蔵方式のコンピュータアーキテクチャでは，主記憶装置に命令やデータが置かれ，CPUはアドレスを指定して，主記憶装置との間で命令やデータの転送を行わなければならない．プログラムの実行に従って一命令ずつこの転送を行うとすると，この転送の速度によってコンピュータ全体の速度が限定されてしまう．このように，CPUと主記憶装置の間の転送がコンピュータの高速化のボトルネックとなることは，**von Neumann**（フォン・ノイマン）**ボトルネック**と呼ばれている．

一般にCPUと主記憶装置の間の転送は遅いので，CPU内により速い記憶装置を用意する技術が開発された．この記憶装置を**キャッシュ**という．あらかじめ主記憶装置からキャッシュへ，命令やデータをある程度の塊で転送しておく．場合によっては，次にアクセスされそうな部分を予想して転送しておく．CPUは主記憶装置のアドレスを指定して命令やデータを参照するが，実際にはキャッシュが参照されて，より高速にCPUとの間の転送が行われる．図6.1にマルチコアCPUにおけるメモリとキャッシュの状況を示す[*4]．

仮想記憶は，主記憶装置を仮想的に巨大化する技術として開発された．具体的には，論理的な（仮想的な）アドレスを物理的な（実際の）アドレスに変換することにより，実際に存在するよりも巨大な記憶装置をCPUに提供することができる．CPUは論理アドレスによって命令やデータを参照するが，CPUの**メモリ管**

[*4] この図はおおよその状況を示しているだけで，実際の具体的なCPUに基づいているわけではない．たとえばメモリ管理装置が記載されていない．また，実際には各コアのキャッシュが複数種類だったりする．

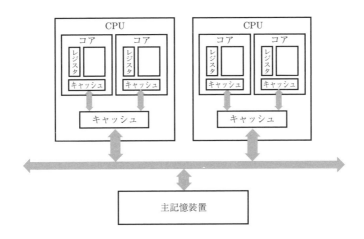

図 6.1　マルチコア CPU におけるメモリとキャッシュ．

理装置が論理アドレスを物理アドレスに変換する．命令やデータが実際に存在する主記憶装置上になければ，参照された時点で二次記憶装置などから主記憶装置に転送される．これを**スワップイン**という．その逆は**スワップアウト**という．仮想記憶の技術は，主記憶装置を巨大化するだけでなく，他のコンピュータとデータを共有するためにも用いられる．

6.1.3　二次記憶装置

　データの記憶には，ハードディスク，フラッシュメモリ（USB メモリ，SSD），磁気テープ，光ディスク，光磁気ディスクなどの**二次記憶装置**も用いられる．これらの二次記憶装置では電源を切ってもデータが失われない．二次記憶装置の容量はメモリに比べて極めて大きく，フラッシュメモリのように可搬性を有するものも多い．二次記憶装置は**ストレージ**とも呼ばれる．

　一般に二次記憶装置では，データのアドレスによってアクセスに必要な時間が異なる．たとえば磁気テープでは，ヘッドをデータのアドレスまで移動しなければならないので，ヘッドの位置とアドレスの関係によってアクセス時間が大きく異なる．このような二次記憶装置でも，特にデータのバックアップには活用することができる．

いうまでもなく，二次記憶装置上には**ファイルシステム**が構築され**ファイル**が格納される．また，二次記憶装置は仮想記憶によりメモリ空間（アドレス空間）を拡張するためにも用いられる．

多重化された二次記憶装置は障害に強いので，適切な二次記憶装置を選択することは，情報システムの運用にとって極めて重要である．

6.1.4 入出力装置

コンピュータの**入出力装置**は多種多様である．特にユーザとのインタフェースに用いられるものは多い．

a. キーボード

いうまでもなく，**キーボード**は文字を入力する装置である．キーボードの他にも，タッチパネルや音声認識など，文字を入力する手法は多様になってきている．

b. ポインティングデバイス

ポインティングデバイスは，画面上の位置を入力する装置（デバイス）の総称である．タッチパネル，マウス，ジョイスティックなど，多くのポインティングデバイスが開発され利用されている．今後，カメラによってユーザの視線を認識することも一般的になるかもしれない．

c. マイクロフォン

マイクロフォンは音声認識の技術と組み合わせて，文字の入力にも用いられるようになっている．

d. スピーカ

音声合成と組み合わせて文字の出力にも用いられる．

e. カメラ

カメラは，画像認識技術と組み合わせて，種々の情報の入力に用いられる．たとえば，バーコードの入力にも用いられる．

f. RFID・IC カード

情報システムにおいて，**RFID** (radio frequency identifier) や **IC カード**は各種のタグとして様々な用途に用いることができる．RFID や IC カードのリーダも入力装置の一種である．

g. センサ

赤外線や温度などの各種のセンサも入力装置の一種であり，環境情報を必要とする情報システムには欠かせない．

1.3 節で紹介した Arduino にも，温度センサ，湿度センサ，明度センサ，濃度センサ，加速度センサなど，多くの種類のセンサを装備することが可能である．たとえば GPS 装置も，位置を測定するという意味で，センサの一種と考えられる．

h. 通信機器

ネットワークの通信機器も入出力装置の一種である．LAN カードなどのネットワークアダプタが典型的である．

6.2 ソフトウェア

本節では，コンピュータシステムの**ソフトウェア**について解説する．ただし，ネットワークについては次節で解説する．

情報システムのアプリケーションソフトウェアは，コンピュータのハードウェアがあれば動くというものではない．アプリケーションソフトウェアを実行するためには，オペレーティングシステムをはじめ，各種のソフトウェアが必要となる．また，アプリケーションソフトウェアを開発するためにも，各種のソフトウェアが必要となる．これらのソフトウェアは基本ソフトウェアと呼ばれることもある．本節では，オペレーティングシステムを中心に，アプリケーションソフトウェアを開発し実行するためのソフトウェアについて概観する．

6.2.1 プログラミング言語

プログラミング言語は，CPU が直接に実行できる**機械語**と，人間がプログラムを書くのには適しているが CPU が実行するために何らかの仕組みが必要な**高級言語**に大別することができる．

機械語のプログラムは，CPU がデコード可能な機械語命令の列である．**機械語命令**は 0 と 1 の列であり，一つの機械語命令は数バイトから成る．機械語命令には命令の種類を表す命令語が必ず含まれ，さらにメモリを参照するアドレスを表すデータが含まれることが多い．

人間が機械語のプログラムを書くことは稀である．さらに，0 と 1 の列を直接に書くことはほとんどなく，機械語のプログラムを書かなければならない場合であっても，機械語命令中の命令語[*5]を記号で表現できるようにした**アセンブリ言語**を用いる．アセンブリ言語のプログラムは，アセンブラと呼ばれる処理系により，0 と 1 の列である機械語のプログラムに翻訳される．

上述したように，人間が機械語のプログラムを書くことは稀であり，通常は何らかの高級言語が用いられる．

a. コンパイラ

高級言語の種類は多いが，どの言語のプログラムも直接に CPU が実行することはできず，その処理形態は二つに大別される．

一つは，コンパイラと呼ばれる処理系を用いるものである．**コンパイラ**は，高級言語のプログラムを機械語に変換するソフトウェアであり，記述の誤りのチェックや最適化を行い，ソースプログラム（高級言語で書かれたプログラム）からオブジェクトプログラム（CPU で実行可能な機械語プログラム）を生成する．コンパイラによって処理される高級言語としては，C 言語，C++, Fortran, COBOL などがある．

b. インタプリタ

もう一つは，インタプリタと呼ばれる処理系を用いる処理形態である．**インタプリタ**は，ソースプログラムを一行ずつ解釈・実行する．インタプリタを用いる場合，オブジェクトプログラムの生成が不要なので，ソースプログラムを作成・

[*5] 命令の種類を表す部分．

変更した後，即座に実行することができる．しかし，ソースプログラムの解釈に時間がかかるため，プログラムの実行自体は遅い．

インタプリタには，文字列処理など，特定の分野の機能を多く備えて，その分野のアプリケーションを簡潔に記述できるものも多い．特に，正規表現を扱える（文字列処理に強い）ものが多い．

インタプリタが提供されている高級言語としては，Basic, Lisp, Perl, Ruby, Python, Javascript, PHP などがある．Perl, Ruby, Python は文字列処理に強い．また，Javascript や PHP はウェブアプリケーションにおいて用いられる．

c. オブジェクト指向言語

プログラミング言語の中には，Java, C++, Objective-C, C# など，**オブジェクト指向プログラミング**の機構を持つ言語が多い．このような言語は**オブジェクト指向言語**と呼ばれる．

オブジェクト指向とは，データを**クラス**と呼ばれる種類に分け，クラスごとに関数・手続きを定義できるようにする仕組みである．クラスごとに定義された関数・手続きを**メソッド**と呼ぶ．あるクラスのメソッドは，そのクラスに属するデータに対してしか呼び出されない．この意味で，クラスに属するデータ自体が，そのクラスに定義されたメソッドを保持していると考えることもできる．データが自分自身を処理する関数・手続きを保持していることから，データは「**オブジェクト**」と呼ばれる．あるクラスに属するオブジェクトは，そのクラスのインスタンスと呼ばれることもある．

メソッドには名前が付けられるが，同じ名前のメソッドでもクラスが異なればその定義は異なる．したがって，同じ名前のメソッドをクラスが異なるオブジェクトに対して呼び出すと，実際に呼び出される関数・手続きはクラスごとに異なる．この現象を**多相性**という．多相性を活用すると，異なるクラスに属するオブジェクトに対して，類似した働きを持つ関数・手続きを一様に定義することができる．クラスごとに別の関数・手続きを呼び出したいところは，クラスごとに同じ名前のメソッドとして定義しておけばよい．

さらに，オブジェクト指向言語ではクラスを階層化することが可能である．既存のクラス（親クラス）から派生して新しいクラス（子クラス）を定義することができる．この仕組みを**継承**という．子クラスは親クラスのメソッドを継承する

ので，子クラスに属するオブジェクトに対しては親クラスのメソッドが呼び出される．ただし，子クラスに親クラスとは異なるメソッドを定義したり，子クラスに固有のメソッドを新たに定義したりすることもできる．

6.2.2 プログラミング言語の例

以下では，現在，情報システムの構築に特によく用いられているプログラミング言語をいくつか参照しておく．

a. C

C もしくは C 言語は UNIX オペレーティングシステムの実装に用いられた言語で，その後，様々な分野で広く用いられている．特に，オペレーティングシステムなどの基本ソフトウェアの実装に用いられることが多い．

C から派生したオブジェクト指向言語として，C++，Objective-C，C# などがある．

b. Java

Java はウェブアプリケーションの構築などに広く利用されている言語である．Java も代表的なオブジェクト指向言語である．6.2.3 節で述べるように，Java のコンパイラは Java のプログラムを，機械語ではなく Java の仮想機械の中間言語に翻訳する．中間言語に翻訳されたプログラムは，Java の仮想機械のインタープリタによって解釈・実行される．

Javascript は一見すると Java に似た言語であるが，Javascript のプログラムはウェブブラウザの中でインタプリタによって実行される．したがって，ウェブブラウザの側で様々な機能を実現することにより，ウェブアプリケーション全体を高機能化している．

c. Python

Python はインタプリタで実行されるオブジェクト指向言語である．簡潔な構文により，一般にプログラムは短くて済む．ウェブアプリケーションの構築などにも用いられる．

d. Ruby

Rubyもインタプリタで実行されるオブジェクト指向言語である．拡張性に富んでおり，ウェブアプリケーションの構築などにも用いられる．

6.2.3 仮 想 機 械

プログラミング言語の中には，**中間言語**を定めているものがある．Javaがその典型である．Rubyなども中間言語を持っている．

Javaの場合，コンパイラはソースプログラムをJavaの中間言語のプログラムに翻訳する．中間言語は機械語に似ており，中間言語プログラムは機械語プログラムのように，命令が並んだものである．中間言語の命令は機械語の命令とは異なり，直接的にCPUで実行することはできないため，中間言語プログラムを実行するソフトウェアが必要になる．これが**仮想機械**である．ただし，中間言語のプログラムを解釈・実行することは，Javaのソースプログラムを解釈・実行するよりはるかに易しい．

仮想機械が中間言語プログラムを実行する方法は多様だが，最も簡単な方法は，高級言語のインタプリタのように，中間言語プログラムを一命令ずつ解釈実行するものである．中間言語プログラムを，たとえば一つの手続きを単位として，一旦機械語に翻訳してから実行するような仮想機械もある．もちろん，中間言語から機械語への翻訳は，高級言語から機械語への翻訳に比べてはるかに易しい．

アプリケーションのプログラムが既に中間言語に翻訳され，中間言語プログラムが用意されている場合，仮想機械を実装しさえすればアプリケーションを実行することができる．したがって，色々なCPUの上で仮想機械を実装しておけば，それらのCPU上で同じ中間言語プログラムを実行できるので，アプリケーションの可搬性が高まる．

次節で説明するオペレーティングシステムが提供する各種の機能を仮想機械を通して利用できるようにしておくと，アプリケーションは仮想機械の上で，各種の入出力や他のコンピュータとの通信も含めて，コンピュータができることは何でもできることになる．つまり，アプリケーションにとっては，あたかも仮想機械こそがコンピュータ（ハードウェアとオペレーティングシステムを合わせたもの）のように見える．

上述の仮想機械に関連して，オペレーティングシステムを仮想化する技術，さらにコンピュータのハードウェアを仮想化する技術がある．これらについては 6.4.4 節を参照して欲しい．

6.2.4　オペレーティングシステム

オペレーティングシステムとは，アプリケーションのソフトウェアを動かすための基本ソフトウェアの総称であり，狭義には，プロセスの管理や入出力の管理を行うソフトウェア（オペレーティングシステムの**カーネル**という）のことを意味する．

オペレーティングシステムは，コンピュータのハードウェアと，ユーザが利用するアプリケーションソフトウェアの中間にあって，個々のアプリケーションには依存しない各種の機能をアプリケーションに対して提供する．この意味で**ミドルウェア**とも呼ばれる．オペレーティングシステム自身もソフトウェアである．ハードウェアはアプリケーションに必要な機能を持つ対象として抽象化され，できる限り特定のハードウェアに依存しないインタフェースを通して利用される．たとえば，「**ファイル**」という抽象的な対象として，各種の記憶装置を操作することができる．アプリケーションがオペレーティングシステムの機能を利用するためのインタフェースは，**API** (application programming interface), **システムコール**などと呼ばれている．

オペレーティングシステムは，アプリケーションソフトウェアを動作させるための各種の「お膳立て」を行い，「縁の下の力持ち」として常に働いており，アプリケーションプログラムを**プロセス**（**タスク**）として起動する．また，アプリケーションの実行中も各種のサポートを行っている．逆の観点からは，オペレーティングシステムは，すべてのアプリケーションソフトウェアを統制していると見ることもできる．すなわち，オペレーティングシステムは，各々のハードウェアをどのようにアプリケーションに割り当てるかを決めている．したがって，どのようなコンピュータであれ一部の組み込みシステムを除いて，アプリケーションソフトウェアが直接的にハードウェアの上で稼働することはほとんどない．スマートフォンにおいてもパソコンと同様にオペレーティングシステムが動いている．

たとえば，身近なオペレーティングシステムとして **Windows** を眺めてみよう．Windows では，画面上のアイコンをクリックすると，それに対応したアプリケー

ションが起動される．たとえば，PPTファイルをクリックするとPowerPointアプリケーションが起動される．起動されて動いているアプリケーションは「プロセス」と呼ばれる．なお，プロセスをタスクと呼ぶこともあり，オペレーティングシステムごとに用語が異なっているので注意しよう．

アプリケーションを起動した後，タスクマネージャーを開いてみよう（図6.2）．「アプリ」の中にPowerPointアプリケーションがあるはずである．ここで，もう一つ別のPPTファイルをクリックしてみよう．この場合，「アプリ」の中のPowerPointに特段の変化はなく，新たにプロセスが起動されることもない．ちなみに，タスクマネージャー自身も「アプリ」の一つであることに注意しよう．

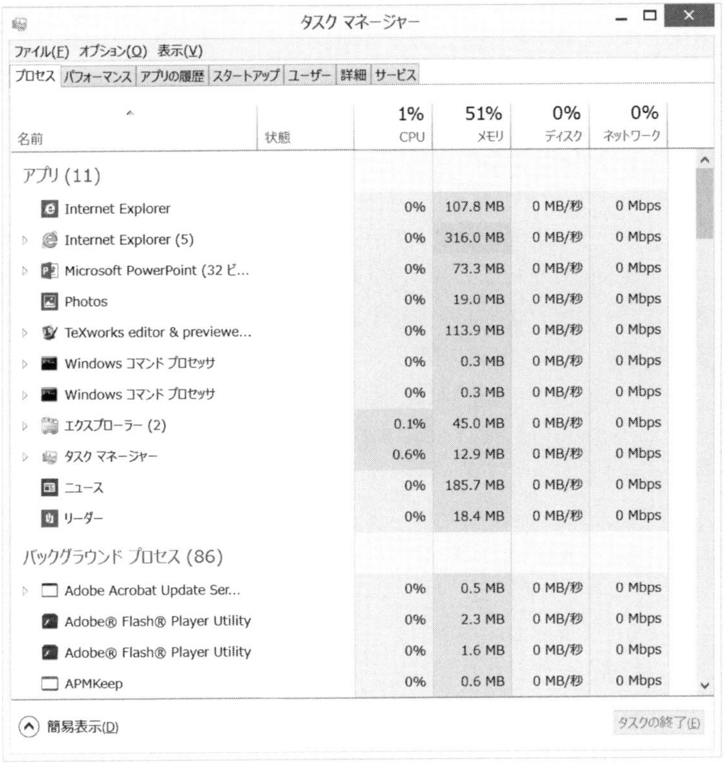

図 6.2　タスクマネージャー．

起動されて動いているアプリケーションを「プロセス」と呼ぶと述べたが，単に動いているときにアプリケーションをプロセスと呼ぶのに過ぎないのだろうか．すなわち，プロセスとアプリケーションは常に対応しているのだろうか．

アプリケーションとプロセスは常に対応しているわけではない．たとえば，コマンドプロセッサを二回起動してみよう．（このためには，コマンドプロセッサをアプリケーションのリストから探す必要があるかもしれない．）PPTの場合と違って，コマンドプロセッサを二回起動すると，プロセスは二つ作られるはずである（図6.2）．すなわち，同じアプリケーションのプログラムが何個も同時に動いていることがある．

アプリケーションの他にも，陰で色々なプロセスが動いている．Windowsのタスクマネージャーを覗くと，「アプリ」の他に「バックグラウンドプロセス」のリストがある．こちらの方が数は多い．同じ名前のプログラムがたくさんあることにも注意しよう．これらのプロセスはオペレーティングシステムの一部としてアプリケーションをサポートしている．これらのプロセスはデーモンと呼ばれることがある．

プロセスは様々な構成要素から成るが，まず，そのプロセスが作られるもとになったプログラム，すなわち，そのプロセスが実行しているプログラムが挙げられる．さらに，そのプログラムを実行するための各種の「リソース」もプロセスの構成要素である．プロセスが利用するメモリもリソースである．また，そもそもCPUもリソースであり，通常は時分割で各々のプロセスに割り当てられる．つまり，CPUは「かわりばんこ」に各々のプロセスを実行する．Windowsのタスクマネージャーを眺めると，CPU・メモリ・ディスク・ネットワークという項目がある．「メモリ」は，そのプロセスにどのくらいのメモリが割り当てられているかを示している．「CPU」は，そのプロセスにCPUが何%割り当てられているかを示している．「ディスク」は，ディスクの読み書きの量を示している．

上述したように，オペレーティングシステムとは，ハードウェアとアプリケーションの間に位置し，アプリケーションの縁の下の力持ちとなるソフトウェアと定義することができる．したがって，この定義による広義のオペレーティングシステムには，ウィンドウシステムや言語処理系なども含まれる．一方，アプリケーションをプロセスとして実行するための最小限の機能を提供する部分は，オペレーティングシステムのカーネルと呼ばれ，狭義ではカーネルのことをオペレーティングシステムと呼ぶこともある．

先にシステムコールとAPIについて説明したが，カーネルとのインタフェースをシステムコールと呼ぶことが多く，システムコール以外のインタフェース，システムコールを利用しやすくしたライブラリなどを総じて **API** と呼ぶ．

図6.3に，オペレーティングシステムの構成を示す．カーネル（狭義のオペレーティングシステム）は，おおよそ，次のような機能から成り立っている．

- プロセス管理
- メモリ管理
- 入出力管理
- ファイル管理
- ネットワーク管理

a. プロセス管理

プロセスを生成し管理する機能を**プロセス管理**という．プロセス管理により複数のプロセスが同時に実行されることを**マルチプロセス**という．

プロセスは以下のような構成要素から成る．

- CPUの各種レジスタ：CPUで実行されていないときはデータとして退避される．
- メモリ：各プロセスごとに仮想記憶が実現される（6.1.2節参照）．仮想記憶の一部もしくは全部が主記憶装置からスワップアウトされていることもある．以下では仮想記憶を単にメモリという．
- ファイル入出力や通信のためのバッファなど：各プロセスの内的なデータでプロセスのプログラムから直接には見えない．

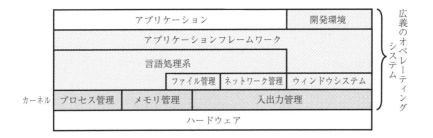

図 **6.3** オペレーティングシステム．

プロセス管理は，プログラムが起動されると上記のデータ構造を構築する．なお，メモリには起動された機械語のプログラムをロードする．そして，各プロセスにCPU（一つとは限らない）を割り当てて順番に実行する．（マルチコアのCPUの場合は，コアを割り当てる．）この際，データとして退避されていたCPUの各種レジスタの内容をロードする．プログラムが終了したら上記のデータ構造を破棄・回収する．

スレッドとは，CPUにより実行される制御の流れのことで，一つのプロセスの中で複数のスレッドが走ることがある．このような状況を**マルチスレッド**という．マルチスレッドにおいては，スレッドごとに各種レジスタを保持する．マルチスレッドは，並列計算を行うシミュレーション，ビッグデータ処理のアプリケーション，複数のクライアントに同時に対応しなければならない各種のサーバなどで活用されている．なお，スレッドをタスクと呼ぶこともある．

b. メモリ管理

コンピュータの記憶装置をプロセスに適切に割り当て，プロセスごとに仮想記憶（6.1.2節参照）を実現する機能を**メモリ管理**という．プロセスごとに実現される仮想記憶は，**メモリ空間**もしくは**アドレス空間**と呼ばれる．各プロセスのメモリ空間は独立しており，他のプロセスのメモリ空間にアクセスできないようになっている．（ただし，プロセスに共有のメモリを陽に割り当てることは可能である．）各プロセスのメモリ空間には好みのアドレスを割り振ることができる．すなわち，複数のプロセスが同じアドレスを利用できるのだが，同じアドレスでも指している先（物理的なアドレス）はプロセスごとに異なる．**メモリ管理装置**がこのためのアドレス変換を行うが（6.1.2節参照），CPUが実行するプロセスを切り替える際にメモリ管理装置を適切にセットアップするのも，メモリ管理の仕事である．

c. 入出力管理

入出力管理は各種の入出力装置を管理し，ハードウェアに対してデータの入出力を指令する．装置ごとに，デバイスドライバと呼ばれるプログラムが用意されている．

d. ファイル管理

ファイルおよびファイルシステムを作成し管理する機能を**ファイル管理**という。ファイル管理はアプリケーションがファイルを読み書きするインタフェースを提供する。ハードディスクやフラッシュメモリなど、ファイルの実体は様々であり、ネットワークの先にファイルの実体があることもある。(このようなファイルシステムをネットワークファイルシステムという。) また、メモリ空間の一部をファイルにマップすることも可能であり、メモリを読み書きすればファイルを読み書きできてしまう。

なお、ファイル管理には、ユーザごとにファイルへのアクセスを制御する機能も含まれる (7.2.4 節参照)。本節では独立して取り上げてはいないが、そのためには**ユーザ管理**の機能が必要である。ユーザ管理もオペレーティングシステムが提供する機能の一つである。

e. ネットワーク管理

ネットワーク管理はプロセス間の通信機能を提供する。もちろん、通信するプロセスは同じコンピュータ上にあるとは限らず、ネットワークを介した通信を行うことができる。したがって、階層的なネットワークを実現するのもオペレーティングシステムの仕事である。ネットワーク管理は、各階層 (TCP/IP, UDP/IP, SSL, HTTP, ...) においてプログラム同士が通信するための API を提供する。

6.2.5 オペレーティングシステムの例

以下、Windows 以外のオペレーティングシステムの例を簡単に紹介する。

a. UNIX

UNIX は AT&T のベル研究所で開発されたオペレーティングシステムである。1969 年に開発が始まった。多くの UNIX 系オペレーティングシステムの先祖である。(後述する Solaris と Linux も UNIX 系オペレーティングシステムである。) ほとんどの部分が C 言語で記述され、C 言語とともに普及した。

上記の UNIX をもとに、カリフォルニア大学バークレー校で開発されたオペレーティングシステムは、**BSD UNIX** と呼ばれる。

SUN Microsystems 社は BSD UNIX をもとに SunOS を開発し，さらに SunOS をもとに Solaris を開発した．後に Oracle 社が SUN Microsystems 社を吸収合併し，Solaris も Oracle 社がその開発を引き継いでいる．

b. Linux

Linux はヘルシンキ大学の学生 Linus Benedict Torvalds が 1991 年に開発を開始した．Linux はオープンソースとして開発され広く利用されている．（すなわち，ソースプログラムが公開され，多くのボランティアによって開発されている．）UNIX および BSD UNIX を祖先とする．

c. Mac OS X

Mac OS X は Macintosh コンピュータ用のオペレーティングシステムである．v10.7 から単に **OS X** と称する．それ以前の Mac OS とは異なり，BSD UNIX をベースとしている．（直接的には NeXT OPENSTEP をベースにしている．）Mac OS X 上のアプリケーションは主として Objective-C を用いて開発される．

d. iOS

iOS は iPhone, iPad 用のオペレーティングシステムである．iOS は Mac OS X をベースとしている．

e. Android

Android はスマートフォン用のオペレーティングシステムである．Android は Linux をベースとしている．**Android** 上のアプリケーションは主として Java 言語で開発され，**Dalvik** と呼ばれる Java 仮想機械上で稼働する．

6.2.6　ウィンドウシステムとフレームワーク

ウィンドウシステムは，ウィンドウを生成・管理し，ウィンドウ上に各種の情報を提示し，マウスやタッチパネルなどのポインティングデバイスからの入力を処理するソフトウェアである．すなわち，ウィンドウを中心に **GUI** (graphical user interface) を実現している．

マウスやタッチパネルに加えて，キーボードはいうまでもなく，近年では，マイクロフォンからの音声入力，カメラからの画像入力など，ユーザインタフェース全般を扱うようになってきている．特に，日本語を入力する機能は，専用のソフトウェアによって実装されているが，ウィンドウシステムを通して提供されることが多い．

したがって，ユーザとの間で何らかの情報のやり取りをするアプリケーションは，必然的にウィンドウシステムの機能を利用することとなる．このために，アプリケーションのプログラムはウィンドウシステムの API を呼び出す．アプリケーションにとって，ウィンドウシステムもオペレーティングシステムの一部と考えるのは自然であろう．

ウィンドウなどのユーザインタフェースの機能は多様であり，単純な関数や手続きで API を構成すると物凄い数になってしまう．そこで，Java, C++, Objective-C, C# といった**オブジェクト指向言語**が活用される．オブジェクト指向言語では，データ（オブジェクト）の種類（クラス）ごとに関数・手続き（メソッド）を定義することができる．クラスが異なると，同じ名前のメソッドでも，呼び出される関数・手続きが異なる．したがって，クラスごとに整理して自然な名前でメソッドを定義することができる．しかも，クラスを階層化することが可能である．子クラスは親クラスのメソッドを継承するので，子クラスでは固有なメソッドだけ定義すればよい．

以上のように，ウィンドウシステムでは，各種のオブジェクトを操作するための関数・手続きのライブラリが，オブジェクト指向言語のクラスとして提供されているが，さらに，そのようなクラスライブラリを発展させ，典型的なアプリケーションを組むための雛形が提供されている．3.2.1 節でも説明したが，そのような雛形と雛形に沿ってアプリケーションを開発する作法は，一般に**フレームワーク**もしくは**アプリケーションフレームワーク**と呼ばれているが，特に，ウィンドウシステム上のユーザインタフェースを持つアプリケーションを開発するフレームワークが典型的である．3.2.1 節で紹介した **MVC** フレームワークはその一種であり，さらに，A.3 節で紹介している **Spring MVC Framework** が MVC フレームワークの具体例である．

なお，以上のようなフレームワークは，言語処理系，プログラムを編集するためのエディタ，バージョン管理ツールなどを統合した，アプリケーションを開発するための環境（**統合開発環境**）のもとで利用されることが多い．Eclipse は統合

開発環境の典型例である．

6.2.7　ウェブアプリケーションのフレームワーク

ウェブアプリケーションは，ウェブサーバとウェブクライアント（ウェブブラウザ）が協力することにより実現されている．

ウェブアプリケーションはウェブブラウザ上で GUI を実現しており，さらにデータベースの検索や更新など，種々のサービスを提供している．したがって，ウィンドウシステム上のアプリケーションの延長上にあり，ウェブアプリケーションに対してもその開発のためのフレームワークが用意されている．すなわち，ウェブアプリケーションにとっては，ウェブサーバやウェブブラウザも広い意味のオペレーティングシステムの一部と考えることができるだろう．

A.3 節で紹介しているように，**Spring Framework** は Java でウェブアプリケーションを開発するためのフレームワークであり，全体は Java で実装され Java の仮想機械上で稼働する．ソフトウェア開発におけるフレームワークの意義については 4.2.2 節で述べたが，業務ロジック単位で単体テストしやすい仕組みとして軽量コンテナという概念があり，Spring は軽量コンテナに基づくフレームワークである．

6.2.8　データベース

データベースとは，データの集合を組織・管理し，検索などのデータに関する各種のサービスを提供するための仕組みのことである．そして，実際にデータの集合を管理しサービスを提供するソフトウェアが**データベース管理システム**である．（データベース管理システムをデータベースといったり，データベース管理システムによって管理されるデータの集合をデータベースといったりもする．）

データの集合の組織化の方法は様々であり，その結果様々な種類のデータベースが提案・実現されているが，中でも関係データベースは最も広く使われているデータベースであろう．

関係データベースは（二次元の）テーブル（表）によってデータの集合を組織化する．さらに，（たくさんの）テーブルの集合が（一つの）関係データベースとなる．（Excel のシートが集まったブックを思い浮かべればよい．）関係データベー

スの具体例は 3.2.2 節にある．

テーブルの縦の列を**属性**という．テーブルは属性間の関係を表していると考えられる．テーブルの行はデータの単位であり，関係を構成する**タプル**（組）である．

特定の属性もしくはいくつかの属性の組み合わせによってテーブルの各行が一意的に定まるとき，そのような属性もしくは属性の組み合わせを**候補キー**または単に**キー**という[*6]．そして，候補キーの中から一つを選び**主キー**とする．たとえば，学生のテーブルでは学生 ID が主キーである．また，履修のテーブルでは学生 ID と授業 ID の組が主キーとなる．

外部キーとは他のテーブルの属性を参照する属性で，外部キーの値は参照されるテーブルの属性として現れる値に限定される．

関係データベースには，管理や更新を容易に矛盾なく行えるように，**正規形**という概念が定義されている．関係データベースのテーブルは正規形の条件を満たしていることが望まれる．

正規形には何種類かあり次第に条件がきつくなる．たとえば**第 1 正規形**とは，テーブルの各行の各属性が一つの値から成る，という条件を満たすテーブルのことで，そもそもこの条件を満たさなければ関係データベースのテーブルとはならない．

第 2 正規形では，主キーが複数ある場合，主キーの（全体ではない）一部のみによって定まる属性を許さない．たとえば，図 6.4 では履修のテーブルに教員氏名の属性が追加されている．このテーブルの主キーは学生 ID と授業 ID であるが，教員氏名は授業 ID によって定まってしまうので，このテーブルは第 2 正規形ではない．

学生 ID	授業 ID	教員氏名	許可状況	成績

図 6.4 第 2 正規形でないテーブル．

[*6] 候補キーが複数の属性の組み合わせの場合，一つでも属性が欠けると候補キーにはならないとする．

第3正規形では，主キー以外の属性によって他の主キー以外の属性が定まることを許さない．たとえば，図 6.5 では履修のテーブルに合否の属性が追加されている．合否は成績によって定まってしまうので，このテーブルは第3正規形ではない．なお，第3正規形とは，第2正規形であってかつ上記の条件を満たすテーブルのことである．

正規形でないテーブルは，いくつかのテーブルに分解して，それぞれのテーブルが正規形であるように組み直すことが可能である．実際に，データベースを設計する際には，そのような分解を行って後の更新を容易にする作業が欠かせない．

SQL (structured query language) は，関係データベースを操作するためのプログラミング言語である．関係データベースの作成や管理を簡潔に行うことができる．関係データベースの検索では，複数のテーブルを参照して各テーブルが表す関係を組み合わせた条件でデータを探すことが頻繁にあるが，SQL では複数のテーブルを組み合わた検索条件も簡潔に記述することができる．

Oracle Database は SQL に対応した関係データベース管理システムである．Oracle Database は Oracle 社の製品であるが，**MySQL** は，Oracle 社がオープンソースとして公開している．

以上のような関係データベースの機能は，**データベースサーバ**によって実装されることが多い．すなわち，データベースを利用するソフトウェアが，クライアントとしてデータベースサーバに対して検索などのサービスをリクエストする．具体的には，SQL の構文に従った命令（たとえば検索文）をデータベースサーバに送ると，サーバはその命令を実行した結果をクライアントに返す．

特定のプログラミング言語で書かれたプログラムから，データベースサーバへリクエストを送るためには，そのためのライブラリやフレームワークを利用する．**iBATIS** は，A.3 節で紹介しているように，Java プログラムから関係データベースを利用するためのフレームワークである．

学生 ID	授業 ID	許可状況	成績	合否

図 **6.5** 第 3 正規形でないテーブル．

6.3 ネットワーク

本節では，コンピュータネットワークについて簡単に紹介する．

コンピュータネットワークは階層的に構成されている．すなわち，既存のより原始的な通信を用いてより高度な通信を実現することが繰り返される．たとえば，将棋の試合を遠く離れた相手と行うには，郵便という既存の通信手段を用いることができる．この場合，郵便という原始的な通信を用いて，将棋の試合における指し手の通信（より高度な通信）が行われる．

コンピュータネットワークにおける通信は，一般の通信と同様に何らかの規約に基づいて行われる．これを**プロトコル**という．

上のたとえを用いると，将棋の通信のプロトコルは▲2六歩というような指し手の形式を定める．さらに，試合の最初で先手・後手を決める方法を定めているかもしれない．また，郵便にもプロトコルがある．宛名の書き方，ポストへの入れ方などを定めていると考えられる．そして，このたとえの場合，将棋の通信のプロトコルに従ったメッセージが郵便のプロトコルに基づいて送受信される．

通信がきちんと階層化されていると，上位のプロトコルを変えずに下位の通信を別のものに入れ替えることが可能である．上のたとえの場合，将棋の通信のプロトコルは変えずに，下位の通信を電話でのやり取りやFAXに置き換えることができるだろう．もちろん，コンピュータネットワークに置き換えてもよい．下位の通信がどのようなものに置き換わっても，上位のプロトコルに従ったメッセージが送受信されている限り，アプリケーション（この場合は将棋の試合）は何ら影響を受けることはない[*7]．

階層的なコンピュータネットワークの概念は，**OSI参照モデル**によって定められている．以下では，OSI参照モデルも参照しながら，インターネットのプロトコルに加えて，その下位のプロトコルと上位のプロトコルについて概観する．

6.3.1 物理層・データリンク層

OSI参照モデルの**物理層**（第1層）のプロトコルは，コネクタの形状やピンの数などといった，通信機器の間の物理的な接続方法について定める．その上の**データリンク層**（第2層）のプロトコルは，物理層によって送受信される信号の形式

[*7] ただし時間的な制約がある場合は，下位の通信の速度が影響するかもしれない．

や信号の送受信の手順などを定める．

データリンク層の代表的なプロトコルは**イーサネット**である．正確には，イーサネットのデータリンク層というべきところだが，以下では簡単のため単にイーサネットと呼ぶことにする．コンピュータ同士を有線のケーブルでつないで **LAN**（local area network, **ローカルエリアネットワーク**）を構築する際には，このプロトコルが用いられる．

一般にコンピュータネットワーク上の通信は，パケットと呼ばれるデータの塊を単位として行われる．イーサネットの通信では，**MAC フレーム**と呼ばれるパケットを単位とする．MAC フレームは，イーサネットの一回の通信で送受信されるデータの塊である．

MAC フレームは，送り元と送り先の通信機器のアドレスと，送りたいデータそのものと，若干の補助的な情報から成り立つ．通信機器のアドレスは **MAC アドレス**と呼ばれる．MAC アドレスは各々の通信機器ごとに振られる一意的な番号である．MAC アドレスはコンピュータではなく通信機器に対して振られるので，たとえば無線 LAN と有線 LAN につながるパソコンでは，無線 LAN の通信機器の MAC アドレスと有線 LAN（イーサネット）の通信機器の MAC アドレスは別になっている．

6.3.2　インターネット

インターネットは，いうまでもなく，ローカルなネットワーク同士がつながって全世界的に構成されるネットワークである．インターネットの「インター」は，インターナショナルの「インター」と同義である．

インターネットは，1969 年にアメリカの四つの大学が 24 時間常時つながっていたネットワークである **ARPAnet** (Advanced Research Projects Agency network) を起源としている．ARPAnet は 1980 年代に学術ネットワークとして拡大し，1990 年代には米国中のコンピュータがつながるようになった．日本では 1993 年に認可され利用が開始された．

インターネット上の通信もパケットを単位として行われる．長いメッセージは複数のパケットに分割されて送られる．

一般にインターネットにおいては，メッセージの送信者と受信者は直接的にはつながっていないので，パケットの中継が必要である．パケットの中継には二つ

の方法がある．

　一つの方法は**回線交換**である．2 地点の間に中継経路（回線）を固定する．中継基地では，定まった中継経路に従ってデータの中継を行う．なお，この方法では通信したい送信者と受信者の組の数だけ中継経路が必要となってしまう．

　もう一つの方法は**パケット交換**であり，インターネットはこの方法を活用している．中継基地がどのようにパケットを中継するかは，中継基地が判断して決めている．基本的に，パケットに書かれている受信者のアドレスに従って中継を行うが，ネットワークの混み具合に応じて，すいている方にパケットを流すということも行われる．したがって，パケットの送信者と受信者が同じでも，送信者から受信者に届く経路が異なることがあり得る．

　以上のように，個々の中継基地が中継の経路を自律的に定めており，この意味で，インターネットは自律分散協調制御を行っているシステムと考えられる．

　インターネットにつながっている個々のコンピュータには，それぞれ一意的なアドレスが振られる．これを **IP アドレス**という．なお，インターネットにつながっているコンピュータはホストと呼ばれる．

　インターネットの v4 (IPv4) では，IP アドレスは 32 ビットの数値であり，8 ビットごとにドットで区切って，113.11.35.10 のように表記される．ドットで区切られた数は十進表記であることに注意しよう．

　IP アドレスの 32 ビットは，ネットワークを特定する上位の部分と個々のコンピュータを特定する下位の部分に分かれる．（それぞれのビット数はネットワークの規模に応じてまちまちである．）ここでいうネットワークとは，インターネットに参加している LAN のことである．インターネットに参加している LAN のもとにあるコンピュータの IP アドレスは，同じネットワーク部分を持っている．（上述したパケットの中継は，ネットワーク部分に従って行われる．）

　インターネットの v6 (IPv6) では，IP アドレスは 128 ビットであり，前半の 64 ビットがネットワークを示す．膨大な数のアドレスが用意されているため，コンピュータに限らず，ネットワークに接続するすべての機器にアドレスを振ることも現実的となっている．

　なお，IPv4 では IP アドレスが限られていることもあり，**プライベートアドレス**がよく用いられる．これは内線番号のようなもので，LAN の中でだけ有効なアドレスである．プライベートアドレスを持つコンピュータは，LAN の外からは見えなくなっている．たとえば，192.168.x.x という形をしたアドレスはプライベー

トアドレスである．

a. IP

IP（Internet protocol，**インターネットプロトコル**）は，インターネットで送受信されるパケットの形式を定めている．OSI 参照モデルでは，IP はネットワーク層（第 3 層）に分類される．ネットワーク層は，以下に述べるように，データ（パケット）を中継するために通信経路の選択と制御を行う．なお，IP の下位のプロトコル（データリンク層）としては，たとえばイーサネットが用いられる．

IP パケットは，送信者と受信者の IP アドレスと，送りたいデータそのものと，若干の補助的な情報から成り立つ．

コンピュータが IP パケットを送るには，まず，そのコンピュータがつながっているネットワーク (LAN) のルーターに IP パケットを送らなければならない．なお，**ルーター**は上述の説明における中継基地の一つである．そのためには，IP パケットの全体をデータとして MAC フレームを作成する．もちろん，IP パケットを送るコンピュータとルーターはイーサネットでつながっていると仮定している．すなわち，そのコンピュータのイーサネット通信機器とルーターのイーサネット通信機器の MAC アドレス，および，送りたい IP パケット全体をデータとして含む MAC フレームを作成する．すると，その MAC フレームがルーターに届き，ルーターは MAC フレームから IP パケットを取り出し，今度は中継用の別の MAC フレームを作成して中継先に送る．（中継にはイーサネットではなく別の種類の通信を用いるかもしれない．その場合は MAC フレームではなく別の種類のフレームとなる．）

以上のような中継を繰り返している間，IP パケットはデータとして流れて行くだけなので，変化しない．やがて，送信先のコンピュータの通信機器に MAC フレームが届くと，送信先のコンピュータは MAC フレームから IP パケットを取り出し，これで一回の IP の通信が完結する．図 6.6 に以上の様子を図示する．

b. TCP

実は，インターネットはパケットの中継を繰り返すので，途中でパケットが失われたり，場合によっては複数のコピーが作られて届いたりすることがある．このようなことは，自律分散協調制御を行っているインターネットにとっては避け

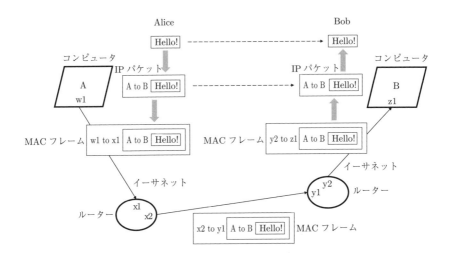

図 **6.6** IP パケットが転送される様子.

ることができない．そこで，IP プロトコルを利用して，その上に TCP と呼ばれるプロトコルが実現されている．

TCP (transmission control protocol) は，インターネットの上に，疑似的に回線交換の経路を実現してくれる．TCP では，ポートを対象としてデータを送る．**ポート**とはネットワークからのデータを受け取る入り口（港）である．したがって TCP のパケットでは，送り先のコンピュータの IP アドレスに加えて，ポートの番号を指定する．送り先のコンピュータでは，個々のポートへのパケットを受け取るプログラムが走っている（一般にはポートごとに別のプログラムが走っている）．しかも TCP でパケットを送る場合は，送り先のポートに必ず一つずつ順番に届くことが保証されている（それができない場合は通信のエラーが報告される）．実際に一連のパケットは同じ経路を通るとは限らないのだが，それを受け取るプログラムにとっては，あたかも固定された回線から順にパケットが届くかのように見えるようになっている．

なお，OSI 参照モデルでは TCP は第 4 層および第 5 層に属している．第 4 層は**トランスポート層**と呼ばれ，上述したようにエラーを訂正したり必要に応じてパケットを再送するなどして，送り元から送り先に至る通信を管理する．第 5 層は**セッション層**と呼ばれ，接続が切れたときに接続を回復するなどして通信の開始

から終了までの手順を実行する．この意味でTCPはセッション層まで実現していると考えられるが，セッションの捉え方によっては，より上位のプロトコルがセッション層を実現し，TCPはトランスポート層に対応すると考えることもできる．

TCPとIPを合わせて**TCP/IP**という．

TCPの兄弟のプロトコルとして**UDP** (user datagram protocol) がある．UDPではTCPとは異なり，パケットの一意性や到着の順番が保証されていない．

6.3.3 アプリケーション層

インターネットでは，TCPとIPの上にさらに様々なプロトコルが実現されている．これらのプロトコルはOSI参照モデルの第5～7層に属している．なお，OSI参照モデルの第6層は**プレゼンテーション層**，第7層は**アプリケーション層**と呼ばれる．プレゼンテーション層は，アプリケーション層とセッション層の間でデータの変換や整形などを行う．

HTTP (hypertext transfer protocol) はアプリケーション層に属するプロトコルの典型例である．HTTPは，ウェブサーバとウェブクライアントの間のプロトコルである．

DNS (domain name system) は，インターネットのもとでホスト名を含む（階層的）ドメイン名をIPアドレスに変換する機能を担っている．インターネット上のDNSは，互いに協力しながら自律分散的にその機能を果たしている．DNS同士が通信するためのプロトコルが**DNSプロトコル**である．

1.3節で紹介したMQTTもアプリケーション層に属するプロトコルである．

6.4　クラウドコンピューティング

クラウドコンピューティングとは最も一般的には，計算やデータ処理のための各種のリソースが，ネットワークを介して提供され利用される情報処理の形態を意味する．ただし，どのレベルのリソースが提供されるかによって種々の形態がある．

本節では，ネットワークを介して利用されるリソースの種類によってクラウドコンピューティングを分類した後，クラウドコンピューティングの中核的技術である仮想化について簡単に説明する．

6.4.1 SaaS

近年，文書の作成・編集が可能なウェブサービスが普及している．ウェブブラウザ上で文書を作成し，完成した文書を保存することができる．文書はネットワーク上にファイルとして保管されており，再びウェブブラウザを立ち上げてファイルを読み出せば，文書の編集を再開することができる．

ここで，文書の編集を行うソフトウェアは，ウェブブラウザとウェブサーバの一部として実装されており，ウェブブラウザが動いているコンピュータ上には文書編集のソフトウェアは存在しない．すなわち，文書編集のソフトウェアは，ウェブサービスとしてネットワークを介して提供されている．また，作成・編集した文書を保存するファイルシステムもネットワークの「向こう側」にあり，ネットワークを介して提供されている．

以上のように，特定のソフトウェアの機能がネットワークを介してサービスとして提供されることを，**SaaS** (software as a service) という．SaaS はクラウドコンピューティングの一形態である．Dropbox などのネットワークストレージも SaaS として分類される．また，Google Apps は，上述したような文書編集を含め，様々なソフトウェアがサービスとして提供されている．Microsoft の OneDrive も同様である．

歴史的には SaaS の概念を提唱したのは Salesforce であり，1999 年に **CRM** (customer relationship management) のソフトウェアを SaaS として提供することを開始した．SaaS が普及する以前にも，**ASP** (application service provider) がネットワークを介して各種のソフトウェアを提供していたのだが，後に SaaS が普及したのは，Salesforce が SaaS を CRM に適用して成功したこと，SaaS という新しい言葉を提唱したこと，ネットワーク技術が進歩したことなどによると考えられる．

6.4.2 PaaS

SaaS は特定のソフトウェアの機能をネットワークを介してサービスとして提供するが，**PaaS** (platform as a service) は，ソフトウェアを開発する環境も含めて，ソフトウェアの開発と実行のプラットフォームをサービスとして提供する．PaaS の概念も Salesforce が提唱した（2007 年）．

SaaS である Google Apps を例にとると，その発展形である Goolge App Engine が PaaS である．Google App Engine では，ウェブアプリケーションを開発するプラットフォーム（6.2.7 節にいうところのフレームワーク）が提供され，ネットワークを介してウェブアプリケーションの開発することができる．データベースやメール送受信の機能も提供されているので，ウェブアプリケーション全体の開発を提供されているプラットフォーム上で完結させることができる．

6.4.3　IaaS

IaaS (infrastructure as a service) では，コンピュータが丸ごとサービスとして提供される．PaaS ではプラットフォーム（フレームワーク）の機能だけがばらばらに提供されてたが，IaaS では仮想化されたコンピュータが提供される．（仮想化について次節で述べる．）仮想化されてはいるが，ネットワークを介してアクセスする限り，実体のある本当のコンピュータと何ら変わることはない．IaaS の典型例は Amazon の **EC2** である．

6.4.4　仮　　想　　化

IaaS によって提供されるコンピュータは仮想化されたコンピュータである．「仮想化」は情報技術において頻繁に現れる重要な概念であるので，少しまとめて説明する．

6.2.3 節において Java の仮想機械について紹介した．Java の仮想機械は Java の中間言語を実行する処理系（ソフトウェア）であり，Java の中間言語を直接実行するハードウェアではないが，Java のプログラムを実行するという観点からは，そのようなハードウェアと機能的に何ら差はない．また，Java の仮想機械は Java のプログラムを実行するための種々の機能を備えており，Java の仮想機械さえあれば，Java で書かれたアプリケーションを実行することができる．

また，仮想メモリは本当の物理的なメモリではないが，プログラムにとってはメモリが増えてメモリ空間が広がったように見える．

一般に**仮想化**とは，ある機能を持つものそのものではないが，その機能を何らかの方法で実現することにより，そのものと実質的には同等のものを実現することである．辞書を引くと，英語の virtual には「仮想」という訳ではなく，「（表

面または名目上はそうでないが）事実上の，実質上の，実際(上)の」とある（研究社新英和中辞典）．ゲーム機のエミュレータも，ゲーム機そのものではないが，ゲームが実際に動いて遊べるという意味で，ゲーム機と実質的に変わらない．

　IaaSによって提供される仮想機械は，オペレーティングシステムの仮想化技術を用いている．たとえば，Windows（オペレーティングシステム）が動くコンピュータの上で，Linuxが動くコンピュータを仮想機械として動かすことができる．この場合，Windowsコンピュータの中に，あたかも全く新しい別のコンピュータが作られたかのようになり，その新しいコンピュータの上ではLinuxが動いていて，Linuxのアプリケーションを全く問題なく利用することができる．

　なお，オペレーティングシステムの仮想化技術では，Javaの仮想機械やゲーム機のように，機械語命令を解釈実行するわけではない．上のようにWindowsの上でLinuxが動く場合，LinuxオペレーティングシステムがWindowsの支配のもとに実行されていて，非常に巧妙な方法によりLinuxのプロセスがWindowsのプロセスとして動くようになっている．

　仮想オペレーティングシステムは，一旦停止して状態を保存し別のコンピュータに引っ越すことができる．IaaSではこのように，仮想機械が具体的にどのコンピュータで動くのかが定まっているわけではない．

7 情報セキュリティ

本章では情報セキュリティに関する技術について概観する．情報システムの安全性について述べた後，認証，暗号技術，ネットワークセキュリティについて解説する．

7.1 情報システムの安全性

情報セキュリティとは，情報システムにおいて安全性を確保することである．情報システムの安全性は次の三種類に分類される．

- **機密性**：認可されたものにのみ情報にアクセスできるようにすること
- **完全性**：情報が正確で完全であること
- **可用性**：必要なときに必要な情報資源にアクセスできること（**使用可能性**ともいう）

このほかに，責任追跡性，真正性，信頼性を加えることがある．

以上に述べた安全性を確保するための技術として以下のようなものがある．次節以降で順次解説していく．

- 情報システムにアクセスするものが利用権者であることを識別する認証の技術
- 鍵を持つもののみがメッセージの内容を読むことができる暗号化の技術
- 鍵を持つもののみがメッセージに署名することができる電子署名の技術
- 以上の基盤となる公開鍵基盤
- 以上の技術も活用してネットワーク上の安全な通信を実現するセキュリティプロトコル

7.2 認証

機密性を確保するためには，情報にアクセスしようとするものが認可されたものかどうかを，情報システムが判定できなければならない．情報システムにアク

108　　7　情報セキュリティ

セスしてきたものが，利用権者であるかどうかを識別することを**認証**という．認可され情報にアクセスしようとするものの側からは，自分が自分であることを情報システムに確信させなければならない．一般に，自分が自分であることを相手に納得させることを認証という．

7.2.1　パスワード認証

認証には様々な方法がある．最もよく利用されている方法は**パスワード認証**である．情報にアクセスしようとするものは，自分のユーザ名とパスワードを入力する．原則的にパスワードは自分しか知らないので，正しいパスワードを入力することにより，自分が自分であることを情報システムに納得させることができる．なお，情報システムの側は，パスワードをそのまま記憶することは通常はしない．**一方向ハッシュ関数**（逆関数を求めるのが極めて困難と考えられている関数）を用いて，パスワードの**ハッシュ値**（パスワードにその関数を適用した値）を記録する．パスワードが正しいかどうかは，与えられたパスワードに一方向ハッシュ関数を適用した結果と記録してあったハッシュ値が一致するかどうかで検証する．

7.2.2　公開鍵認証

公開鍵認証（たとえばSSH）の場合，クライアントの公開鍵をサーバに登録しておく．サーバはランダムなメッセージを公開鍵で暗号化してクライアントに送る．クライアントは秘密鍵とパスフレーズ[*1]を使って復号し，その結果をサーバに送る．メッセージ復号できるのは，秘密鍵を持っているクライアントだけなので，メッセージをサーバが受け取ったことにより認証することができる．

7.2.3　生体認証

指紋などの生体情報を使って，個人を特定する方法もある．この種の技術は，総じて**生体認証**と呼ばれている．

---

*1　通常は複数の単語や数から成る長いパスワード．

7.2.4 アクセス制御

アクセス制御とは，情報システムの各種のリソースにアクセスする権限を管理・制御する仕組みのことである[*2]．ユーザごとに異なるアクセス権限を与え，ユーザを認証し，そのアクセス権限によりアクセスを許可する．アクセスを許可することを**認可**という．

7.3 暗号技術

本節では，暗号に関連する技術について概観する．

7.3.1 暗号化

暗号には，大きく対称暗号と非対称暗号の二種類がある．

対称暗号では，同じ鍵で**暗号化**と**復号**が行われる．すなわち，**平文**をある鍵で暗号化して得られた**暗号文**は，同じ鍵で復号してもとの平文を得ることができる．対称暗号の鍵は暗号化と復号に共通に用いられるので**共通鍵**と呼び，対称暗号は**共通鍵暗号**とも呼ばれる．**AES** が対称暗号の典型例である．

非対称暗号では，鍵の対を用いる．対の片方の鍵で暗号化を行い，もう一方の鍵で復号を行う．したがって，鍵を生成する際には，二つの鍵を対として一度に生成する．前者を**暗号化鍵**（もしくは**暗号鍵**），後者を**復号鍵**という．

片方の鍵からもう片方を推定できないことが非対称暗号の最も重要な条件である．**RSA 暗号**が非対称暗号の典型例である．

鍵の対とその生成者を結びつけておき暗号化鍵の方を公開すると，鍵の対の生成者だけにメッセージを安全に送ることができる．メッセージを公開されている暗号化鍵によって暗号化して送ればよい．メッセージを復号できるのは秘密鍵を持っている者（鍵の対の生成者）だけである．この場合，暗号化鍵を**公開鍵**，復号鍵を**秘密鍵**という．非対称暗号は**公開鍵暗号**とも呼ばれる．

[*2] アクセス制御は認証とは独立した概念であるが，便宜的に本節で触れる．

7.3.2 電子署名

逆に，復号鍵の方を公開すると，**電子署名**（または単に**署名**）に応用することができる．暗号鍵の方は秘密にする．暗号鍵は**署名鍵**，復号鍵は**検証鍵**と呼ばれる．

あるメッセージに電子署名をするには，まず，メッセージ全体に対して**一方向ハッシュ関数**を適用する．その結果得られる**ハッシュ値**は，**メッセージダイジェスト**，**電子指紋**（または単に**指紋**）などと呼ばれる．メッセージが長い場合は厳密には一方向の関数ではないが，同じハッシュ値を持つメッセージを作ることは極めて困難であると仮定する．すなわち，現実的に異なるメッセージには異なるダイジェストが対応する．

メッセージダイジェストに対して秘密の暗号鍵（署名鍵）を適用して暗号化する．そして，もとのメッセージと暗号化されたメッセージダイジェストを組にしたものが，署名されたメッセージである．

署名されたメッセージの電子署名を検証するには，メッセージに対して同じ一方向ハッシュ関数を適用する．また，公開されている復号鍵（検証鍵）でメッセージダイジェストを復号する．そして，両者が一致するかどうかを調べればよい（図7.1）．

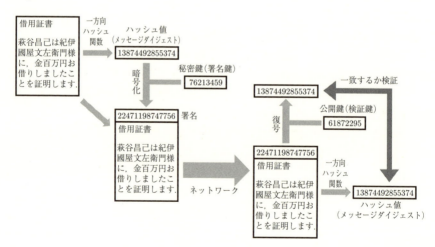

図 **7.1** 電子署名．

7.3.3 公開鍵基盤

それでは，公開されている公開鍵（もしくは検証鍵）と公開鍵の所有者（鍵の対の生成者）との対応を，誰が保証してくれるのだろうか．攻撃者が別人になりすまして公開鍵を公開してしまうかもしれない．

公開鍵基盤は，信頼できる第三者が公開鍵に保証を与える基盤である．公開鍵基盤は **PKI** (public key infrastructure) と略される．

公開鍵基盤では，**認証局**と呼ばれる機関が**証明書**を発行する．認証局は **CA** (certification authority) と略される．証明書は，公開鍵とその所有者を保証する文書（メッセージ）である．証明書は認証局が署名する．

ところで，その認証局の公開鍵（署名鍵）は誰が保証するのだろうか．さらに上位の認証局が，その認証局の公開鍵を保証する証明書を発行する．その証明書は，さらに上位の認証局が…というように認証局の連鎖が作られる．最も上位には，**VeriSign** のように誰もが認める認証局が位置する．

7.4 ネットワークセキュリティ

本節では，セキュリティプロトコル，ファイアウォール，情報セキュリティ管理システムについて説明し，最後に，ネットワーク上の様々な攻撃について紹介する．

7.4.1 セキュリティプロトコル

本節では，情報セキュリティに関連するプロトコルについて述べる．

a. HTTPS

HTTPS (hypertext transfer protocol secure) では，HTTP を TCP の上ではなくて，SSL の上で動かす．したがって，HTTPS は厳密には単独のプロトコルではない．**SSL** (secure socket layer) は暗号通信のためのプロトコルであり，TCP の上に実現される．なお，SSL は古い呼び名であり，現在では **TLS** (transport layer security) と呼んだ方がよい．OSI では，TCP を第 4 層（トランスポート層）のプロトコルとすると，SSL は第 5 層（セッション層）のプロトコルと考えられる．

SSLは，公開鍵を用いて（サーバとクライアントの間の）ハンドシェイクを行う．ハンドシェイクの過程で共通鍵を生成して，以後の通信の暗号鍵として用いる．図7.2は，HTTPS (SSL) のハンドシェイクを図示している．この図のハンドシェイクではクライアント認証は行われていないが，多くの場合はこのようにサーバ認証のみが行われる．

クライアントがサーバにアクセスすると，サーバはサーバの公開鍵を含む証明書をクライアントに送る．証明書には認証局の署名が入っている．クライアントは，公開鍵基盤に基づいて認証局の公開鍵をあらかじめ知っていると仮定している．証明書を受け取ったクライアントは証明書を検証する．そしてクライアントは，それまでのやり取りのデータも使い，秘密の乱数を生成してサーバの公開鍵で暗号化しサーバに送る．サーバとクライアントは，この秘密の乱数をもとに（それぞれが同じアルゴリズムを用いて）共通鍵を作る．

b. SSH

SSH (secure shell) は，ネットワークを介してリモートのコンピュータにログインしてコマンドを実行するためのプロトコルである．さらに，ファイル転送の機能も有している．SSLと同様に公開鍵暗号を利用する．

SSHはリモートログインやファイル転送を主な目的とするプロトコルであるが，**ポートフォワーディング（トンネル）** と呼ばれる機能を有しており，特定のTCPポートへのパケットを，ネットワークを介してリモートのコンピュータ上の指定

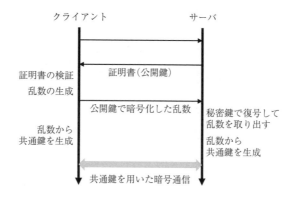

図 **7.2** SSLのハンドシェイク．

されたポートに転送することができる．いうまでもなく，ネットワーク上の通信は暗号化される．この機能を用いると，ローカルで動くSSHプログラムはリモートのプログラム（TCPで通信するプログラムならば何でもよい）の代理として働くことができる．

7.4.2 ファイアウォール

7.4.4節で述べるようなネットワーク上の攻撃に対処するために，**ファイアウォール**を設けることが一般的である．通常，ファイアウォールはLANとインターネットなど外部の広域ネットワークの間に設けられる．

ファイアウォールにはいくつかの種類があるが，**パケットフィルタ**と呼ばれる種類のファイアウォールは，指定された条件に従ってパケットの通過を制御（許可・拒否）する．たとえば，ある範囲のIPアドレスからLANへのパケット，あるいはLANのコンピュータの特定のポートへのパケットを拒否したりする．パケットフィルタは，第3層および第4層における通信を制御するものと考えられる．

アプリケーションゲートウェイは，アプリケーション層において動作するファイアウォールである．アプリケーション層に属する個々のプロトコルごとに用意される．HTTPの**プロキシ**が典型的である．アプリケーションゲートウェイは，そのプロトコルによる外部との通信を個々のプログラムに代わって安全に実行する．個々のプログラムは，外部にアクセスする代わりにアプリケーションゲートウェイにアクセスする．

HTTPサーバなど外部にサービスを提供するコンピュータは，ファイアウォールを用いてLANとは異なるネットワークである**DMZ**（非武装地帯）を設け，そこに設置することが一般的である．外部からLANへは直接にはアクセスできず，DMZとLANの間の通信も制限される．

7.4.3 情報セキュリティ管理システム

情報セキュリティ管理システムは情報セキュリティを管理するための方策をまとめたもので，ISOやJISにおいては規格化も行われている．トータルなリスクマネジメントが重視され，PDCAサイクルを回して常に見直しを行うことが求められる．

リスク評価に基づいて必要十分なセキュリティレベルを設定し，それに従ってセキュリティポリシーを定め，人的資源も含む各種の資源を適切に配分する．

情報セキュリティ管理システムを IT（内部）統制へ活用する試みもある．

7.4.4 様々な攻撃

いうまでもなく，情報セキュリティに対しては様々な攻撃が存在する．万能の対抗策はなく，そのそれぞれに対して対抗策を練る必要がある．特にウェブサーバなどのサーバに対する主な攻撃について簡単に触れる．

a. バッファオーバーフロー

バッファオーバーフローは，テキストフィールドに長い文字列を入力することにより，それを処理するプログラムのメモリを破壊する攻撃である．コンピュータを乗っ取ることもある．文字列配列のインデックスの範囲をチェックすれば避けられるはずだが，この種の攻撃は後を絶たない．

b. クロスサイトスクリプティング

クロスサイトスクリプティングもテキストフィールドを利用する攻撃である．テキストフィールドから（Javascript などの）スクリプトコードを入力したとき，それがそのままクライアントに送られることにより，各種の攻撃が可能となる．クライアントに送るコードのチェックを怠るべきではない．

c. セッションハイジャック

セッションハイジャックは，プロトコルの一連の実行（セッション）の途中に割り込む攻撃である．それを許さないようにプロトコルが設計されているべきだろう．

d. DoS・DDoS

DoS (denial of service) 攻撃は，サーバなどに対して多くのパケットを集中的に送ることにより，サーバやネットワークのリソースを枯渇させてそのサービスを停止させる攻撃である．**DDoS** (distributed denial of service) 攻撃では，（ウィ

ルスに侵されるなどした）多くのコンピュータから一斉に DoS 攻撃が行われる．

　この種の攻撃に対しては，速やかに攻撃を察知することが重要だろう．攻撃を察知したならば，ネットワークを遮断するなどの措置をとる．

付録 A 学生情報システムのソフトウェア

この付録では，1.1 節で紹介した学生情報システム（学務システム）のソフトウェアに関して，その構成や開発に用いられているフレームワークなどについて解説する．

A.1 ソフトウェア構成

図 A.1 には，学務システムのソフトウェア構成が示されている．ここでは，ソフトウェアに使用されているオペレーティングシステム，プログラミング言語，ライブラリなどが記載されている．

学務システムでは，Solaris/Linux と呼ばれる **UNIX** 系のオペレーティングシステムが使用されている（6.3 節参照）．学務システムは，そのオペレーティングシステムの上で，**Java** という（オブジェクト指向の）プログラミング言語を用いて実装されている．図の Java (Java5/Java6) とは，Java プログラムを実行する**仮**

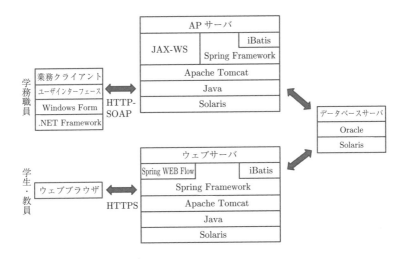

図 **A.1** 学務システムのソフトウェア構成．

想機械を意味している（6.2.3 節参照）．その上の **Apache Tomcat** とは，ウェブブラウザからのリクエストに従ってウェブページを生成する仕組みを提供するソフトウェアである．学務システムのウェブサーバ（WEB サーバ）は，そのウェブページを生成する Java プログラムを Apache Tomcat に組み込むことにより実装されている．Spring Framework などについては後で説明する．

業務クライアントに対するサーバは，図では AP サーバと記されている．このサーバも，UNIX 系のオペレーティングシステムと Java と Apache Tomcat を用いて実装されている．

一方，**Oracle** (Oracle10g/11g) はデータベースサーバで，やはり UNIX 系のオペレーティングシステムの上で動いている．

A.2 プロトコル

図 A.1 の上の方には，学務システムを構成する各ソフトウェアの役割と，それらを結ぶプロトコルが描かれている．6.3.3 節で述べたように，**HTTP** はウェブサーバとウェブブラウザとの間のプロトコルである．したがって，ウェブサーバは HTTP サーバとも呼ばれる．7.4.1 節で述べたように，**HTTPS** は HTTP に認証や暗号化のセキュリティの機能を付加したプロトコルである．

SOAP は，サーバとクライアントの間のやり取りを汎用的に行えるようにするリモートプロシージャコール（遠隔手続き呼び出し）という仕組みを実現するためのプロトコルで，リモートプロシージャコールのメッセージは HTTP により HTML 文書に埋め込まれて送られる[*1]．

SOAP は Microsoft の **.NET Framework** がサポートしており，Windows7（以降）では標準的に装備されている．業務クライアントは .NET Framework 上で実行される．一方，**JAX-WS** は，Java プログラムから SOAP を利用するための **API** (application programming interface) である．ここで，API とは，個々のプログラミング言語のプログラムの中から，各種の機能（たとえば，プロトコルにおけるメッセージ送信）を呼び出すための手続きの仕様を意味する．

[*1] HTTP によって SOAP を実現する方法を SOAP の HTTP バインディングという．クライアントからサーバへは，HTTP の POST メソッドのリクエストの本体として SOAP メッセージを送る．サーバからクライアントへは，POST メソッドへのレスポンス，もしくは，HTTP の GET メソッドのリクエストへのレスポンスの本体として SOAP メッセージが返る．

A.3 フレームワーク

　学務システムをはじめとする，ウェブアプリケーションは，様々なフレームワークを用いて開発される．3.2.1節および6.2.6節で述べたように，**フレームワーク**とは，特定の種類のアプリケーションに必要なライブラリ (API) と，アプリケーションの開発に必要なツール，さらに，アプリケーション開発の方法論をまとめたものである．

　Spring Framework は，Java でウェブアプリケーションを開発するためのフレームワークである．アプリケーション（すなわちウェブサーバ）は Apatch Tomcat の上で動く．Apatch Tomcat は，Java で書かれたサービス (Servlet) を実行することができる汎用のウェブサーバである．また，**Spring WEB Flow** は，Spring Framework のもとで，ウェブアプリケーションの画面（の切り替え）の制御フローを記述するためのフレームワークである．

　iBATIS（後の **MyBatis**）は，Java プログラムから関係データベースを利用するためのフレームワークである．データベースに頻繁にアクセスするアプリケーションを構築する際に，オブジェクト指向プログラムとデータベースサーバを統制してくれる．一般に，この種のフレームワークを使わずに，直接にデータベースにアクセスすると，（特に Java のように並行でプログラムが動作する場合は）システム全体のアクセス制御などが複雑になり，非機能要件のボトルネックになってしまう．

　.NET Framework は，Windows 上の各種のアプリケーションを開発・実行するためのフレームワークである．プログラミング言語としては，C#や Visual Basic .NET が用いられる．**Windows Forms** は，.NET Framework の上で，（ウィンドウベースの）ユーザインタフェースを開発するためのフレームワークである．業務クライアントのユーザインタフェースは，Windows Form によって提供されている．

　ウィンドウベースのユーザインタフェースは，3.2.1節および6.2.6節で紹介した MVC フレームワークを用いて開発されることが多い．Spring Framework の一部である **Spring MVC Framework** はその典型例であり，**モデルとビューとコントローラの典型的な開発方法が定まっている．特に，各種のビューの雛形が用意されており，雛形の中を実装し具体化することによりプログラムを得ることができる．

参　考　文　献

[全般]
 [1] 神沼靖子編著：情報システム基礎（情報処理学会編集 IT text 一般教育シリーズ），オーム社 (2006).
 [2] 神沼靖子：情報システム演習 II（IS テキストシリーズ 05），共立出版 (2006).
 [3] 川合慧編：情報，東京大学出版会 (2006).
 [4] 河村一樹ほか：情報とコンピュータ（情報処理学会編集 IT text 一般教育シリーズ），オーム社 (2011).
 [5] 久野靖ほか監修：キーワードで学ぶ最新情報トピックス 2015（情報トピックスシリーズ），日経 BP 社 (2015).
 [6] 玉井哲雄：ソフトウェア社会のゆくえ，岩波書店 (2012).
 [7] 松林光男，渡部弘：＜イラスト図解＞工場のしくみ，日本実業出版社 (2004).

[第 1 章]
 [8] 新日鉄住金ソリューションズ株式会社：キャンパススクエア 学校事務システム (2001–2015).
 http://www.nssol.nssmc.com/solution/popup/campussquare/
 [9] 椎橋章夫，大橋克弘，山名基晴，森欣司：異種統合型自律分散 IC カード乗車券システムの信頼性評価技術の研究，情報処理学会論文誌，Vol.48, No.2, pp.791–801 (2007).
 [10] 椎橋章夫：異種統合型情報サービスシステムにおける自律分散アシュアランス技術の研究，東京工業大学，学位論文 (2006).
 [11] Massimo Banzi, Michael Shiloh 著，船田巧翻訳：Arduino をはじめよう 第 3 版 (Make: PROJECTS)，オライリー・ジャパン (2015).
 [12] IBM：Arduino Uno と IBM IoT Foundation を利用してクラウド対応の温度センサーを作成する：第 1 回 回路を組み立てて環境を構築する (2014).
 http://www.ibm.com/developerworks/jp/cloud/library/cl-bluemix-arduino-iot1/

[第 2 章]
 [13] Tim Brown: Design Thinking, *Harvard Business Review*, June 2008, pp.84–92.
 [14] ティム・ブラウン著，千葉敏生訳：デザイン思考が世界を変える（ハヤカワ・ノンフィクション文庫），早川書房 (2014).

参考文献

[第 3 章]

[15] 林浩一，和泉憲明，山根基，丸山大輔，岡田隆志：Java/Web でできる大規模オープンシステム開発入門：全工程を学ぶ 14 回の体験レッスン，丸善出版 (2012).

[16] 広川敬祐編著：RFP でシステム構築を成功に導く本—IT ベンダーの賢い選び方見切り方，技術評論社 (2011).

[第 4 章]

[17] プロジェクトマネジメント知識体系ガイド（PMBOK ガイド）第 5 版, Project Management Institute (2013).

[18] 広兼修：プロジェクトマネジメント標準 PMBOK 入門，オーム社 (2014).

[第 5 章]

[19] 辰己丈夫：情報化社会と情報倫理 第 2 版，共立出版 (2004).

[20] 堀部政男編著：プライバシー・個人情報保護の新課題，商事法務 (2010).

[21] 中山信弘：著作権法 第 2 版，有斐閣 (2014).

[第 6 章]

[22] 坂井修一：コンピュータアーキテクチャ（電子情報通信学会編電子情報通信レクチャーシリーズ C-9），コロナ社 (2004).

[23] 矢沢久雄：プログラムはなぜ動くのか 第 2 版，日経 BP 社 (2007).

[24] 黒川利明：クラウド技術とクラウドインフラ —黎明期から今後の発展へ—，共立出版 (2014).

[第 7 章]

[25] 相戸浩志：図解入門よくわかる最新情報セキュリティの基本と仕組み 第 3 版, 秀和システム (2010).

索　引

欧　文

.NET Framework　118, 119
AES (advanced encryption standard)　109
Amazon EC2　104
Android　92
Apache Tomcat　118
API (application programming interface)　42, 86, 89, 118
Arduino　17
Arduino 基盤 (Arduino board)　17
ARPAnet (Advanced Research Projects Agency network)　98
AsIs 分析 (AsIs analysis)　29, 37
ASP (application service provider)　103
BPR (business process reengineering)　24
BSD UNIX　91
C → C 言語
CA → 認証局
CC (Creative Commons)　70
collaboration　26
CPU → 中央処理装置
CRM (customer relationship management)　103
C 言語 (C language)　84
Dalvik　92
DDoS (distributed denial of service)　114
DES (data encryption standard)　14, 109
DMZ → 非武装地帯
DNS (domain name system)　102
DNS プロトコル (DNS protocol)　102
DoS (denial of service)　114
DRAM (dynamic random access memory)　78
EA (enterprise architecture)　24
EC2　104
empathy　26
ERP (enterprise resource planning)　24, 58
ER 図 (entity relation diagram)　46
EU データ保護指令 (EU data protection directive)　66
experimentalism　26
FeliCa　14
Fit&Gap 分析 (Fit&Gap analysis)　13, 29, 58
FLOPS (floating point operations per second)　77
GPL (GNU General Public License)　70
GUI (graphical user interface)　92
HTML 文書 (HTML document, hypertext markup language document)　6
HTTP (hypertext transfer protocol)　102, 118
HTTPS (hypertext transfer protocol secure)　111, 118
IaaS (infrastructure as a service)　104
iBATIS　96, 119
IC カード (IC card, integrated circuit card)　14, 81
ideation　27
implementation　27
inspiration　26
integrative thinking　26

Internet of Things　17, 18
iOS　92
IoT → Internet of Things
IP → インターネットプロトコル
IP アドレス (IP address)　99
IP パケット (IP packet)　100
ITIL (information technology infrastructure library)　61
IT 統制 (IT regulation)　71
Java　84, 117
Javascript　84
JAX-WS　118
LAN (local area network)　98
Linux　92
Mac OS X　92
MAC アドレス (MAC address)　98
MAC フレーム (MAC frame)　98
MQTT (MQ Telemetry Transport)　18
MVC デザインパターン (MVC design pattern)　42
MVC フレームワーク (MVC framework)　42, 93, 119
MyBatis　119
MySQL　96
OECD ガイドライン (OECD guidelines)　65
optimism　26
Oracle Database　96, 118
OS X → Mac OS X
OSI 参照モデル (OSI reference model)　97
PaaS (platform as a service)　59, 103
PKI → 公開鍵基盤
PMBOK (project management body of knowledge)　57
Python　84
RFI (request for information)　52
RFID (radio frequency identifier)　81
RFP (request for proposal)　52
ROM (read only memory)　78
RSA 暗号 (RSA cryptography)　109

Ruby　85
SaaS (software as a service)　59, 103
SLA (service level agreement)　60
SOAP　118
Spring Framework　94, 119
Spring MVC Framework　93, 119
Spring WEB Flow　119
SQL (structured query language)　96
SRAM (static random access memory)　78
SSH (secure shell)　112
SSL (secure socket layer)　111
Suica　14
SWOT 分析 (SWOT analysis, strength weakness opportunity threat analysis)　24
TCO (total cost of ownership)　23
TCP (transmission control protocol)　101
TCP/IP　102
TLS (transport layer security)　111
ToBe 設計 (ToBe design)　29, 37
UDP (user datagram protocol)　102
UML (unified modelling language)　34
UNIX　91, 117
URI (uniform resource identifier)　6
URL (uniform resource locator)　6
VeriSign　111
von Neumann (フォン・ノイマン) ボトルネック (von Neumann bottleneck)　78
V 字 (V-shape)　53
Windows　86
Windows Forms　119

あ 行

アーキテクチャ設計 (architecture design)　41
アーキテクチャ方針 (architecture policy)　40

索　引

アクセス制御 (access control)　109
アクター (actor)　44
アクティビティ (activity)　31
アジャイル (agile)　54
アセンブラ (assembler)　82
アセンブリ言語 (assembly language)　82
アドレス (address)　76
アドレス空間 (address space)　90
アプリケーションゲートウェイ (application gateway)　113
アプリケーション層 (application layer)　102
アプリケーションフレームワーク (application framework)　55, 93
暗号 (cryptography)　109
暗号化 (encryption)　109
暗号化鍵 (encryption key)　109
暗号鍵 (encryption key)　109
暗号文 (cipher)　109
イーサネット (Ethernet)　98
一方向ハッシュ関数 (one-way hash function)　108, 110
インスタンス (instance)　34
インターネット (Internet)　6, 98
インターネットプロトコル (Internet protocok; IP)　100
インタプリタ (interpreter)　82
ウィンドウシステム (window system)　92
ウェブ (web)　6
ウェブアプリケーション (web application)　6, 94
ウェブクライアント (web client)　8, 94
ウェブサーバ (web server)　6, 8, 94
ウェブサービス (web service)　6
ウェブブラウザ (web browser)　6, 94
ウェブページ (web page)　6
ウォーターフォール (waterfall)　53
運用 (operation)　60
エクストリームプログラミング (extreme programming)　54

エンタプライズシステム (enterprise system)　42
エンティティ (entity)　46
オブジェクト (object)　34, 83
オブジェクト指向言語 (object-oriented language)　83, 93
オブジェクト指向プログラミング (object-oriented programming)　34, 83
オブジェクトプログラム (object program)　82
オプトアウト (opt out)　66
オプトイン (opt in)　66
オープンソースソフトウェア (open software)　70
オープンソースソフトウェア (open source software)　59
オペレーティングシステム (operating system)　86

か　行

回線交換 (circuit switching)　99
概念モデル (concept model)　34
開発環境 (development environment)　93
外部キー (external key または foreign key)　95
外部システムインタフェース設計 (external system interface design)　46
外部設計 (external design)　43
仮想化 (virtualization)　9, 104
仮想記憶 (virtual memory)　78
仮想機械 (virtual machine)　85, 118
カーネル (kernel)　86, 88
画面設計 (screen design)　45
画面プログラム設計 (screen program design)　48
可用性 (availability)　107
関係データベース (relational database)　94
完全性 (integrity)　107

観念化 (ideation)　27
キー (key)　95
記憶装置 (memory)　76, 78
機械語 (machine language)　82
機械語命令 (machine language instruction)　76, 82
機能テスト (functional test)　56
機能要件 (functional requirement)　40
揮発性メモリ (volatile meory)　78
キーボード (keyboard)　80
基本設計 (basic design)　43
機密性 (confidentiality)　107
キャッシュ (cache)　78
共感 (empathy)　26
共通鍵 (common key)　109
共通鍵暗号 (common key cryptography)　109
協働 (collaboration)　26
業務フロー (work flow)　13, 29
業務フロー図 (work flow diagram)　30
業務要件定義 (work requirements definition)　29, 30
業務ルール (work rule)　36
組 (tuple)　95
組合せ回路 (combinatorial circuit)　74
組み込みシステム (embedded system)　17, 43
クライアント (client)　8
クラウドコンピューティング (cloud computing)　10, 59, 102
クラウドサービス (cloud service)　10
クラス (class)　34, 83
クラス図 (class diagram)　34
クロスサイトスクリプティング (cross site scripting)　114
クロック (clock)　75, 77
経営戦略 (management stragety)　24
経験主義 (experimentalism)　26
継承 (inheritance)　83
検証鍵 (verification key)　110
コア (core)　77

公開鍵 (public key)　109
公開鍵暗号 (public key cryptography)　109
公開鍵基盤 (public key infrastructure; PKI)　111
公開鍵認証 (public key authentication)　108
高級言語 (high-level language)　82
公衆送信権 (rights of public transmission)　70
候補キー (candidate key)　95
個人情報 (personal information)　64
個人情報保護法 (act on the protection of personal information)　64
個人番号 (personal number)　68
コントローラ (controller)　42, 119
コンパイラ (compiler)　82
コンピュータアーキテクチャ (computer architecture)　76
コンピュータネットワーク (computer network)　97

さ 行

作業制約 (task constraint)　36
サーバ (server)　7
サービス要件 (service requirement)　40
三層アーキテクチャ (three-tier architecture)　42
シーケンス図 (sequence diagram)　48
システムコール (system call)　86, 89
システム要件定義 (system requirements definition)　29, 40
実装 (implementation)　27
シナリオ (scenario)　13, 44
指紋 (fingerprint)　108, 110
主キー (primary key)　95
主記憶装置 (main memory)　76, 78
順序回路 (sequential circuit)　75
使用可能性 (availability)　107
詳細設計 (detailed design)　48

索　引　127

状態遷移 (state transition)　37
情報化戦略 (IT strategy)　24
情報システム (information system)　3
情報セキュリティ (information security)　107
情報セキュリティ管理システム (information security management system; ISMS)　113
証明書 (cirtificate)　111
触発 (inspiration)　26
署名 (signature)　110
署名鍵 (signature key)　110
信頼できる第三者 (trusted third party)　111
真理値表 (truth table)　74
スイムレーン (swim lane)　31
ストレージ (storage)　79
スパイラル (spiral)　54
スレッド (thread)　90
スワップイン (swap in)　79
スワップアウト (swap out)　79
正規形 (normal form)　95
生体認証 (biometrics)　108
セッション層 (session layer)　101
セッションハイジャック (session hijack)　114
センサネットワーク (sensor network)　17, 18
送信可能化権 (right to make transmittable)　70
属性 (attribute)　95
ソースプログラム (source program)　82
ソフトウェア (software)　81
ソフトウェアアーキテクチャ (software architecure)　41
ソフトウェア開発プロセス (software development process)　12, 53
ソフトウェア開発方法論 (software development method)　53
ソフトウェア開発モデル (software development model)　53

た 行

第1正規形 (the first normal form)　95
第2正規形 (the second normal form)　95
第3正規形 (the third normal form)　96
第三者提供 (provision to a third party)　64
対称暗号 (symmetric cryptography)　109
多重度 (multiplicity)　36
タスク (task)　86
多相性 (polymorphism)　83
タプル (tuple)　95
単体テスト (unit test)　56
中央処理装置 (central processing unit; CPU)　76
中間言語 (intermediate language)　85
帳票構造 (report structure)　36
著作権 (copyright)　68
デコーダ (decoder)　76
デザイン思考 (design thinking)　25
デザインパターン (design pattern)　42
テスト (test)　55
データベース (database)　5, 94
データベース管理システム (database management system)　94
データベースサーバ (database server)　8, 96
データベース物理設計 (database physical design)　49
データベースプログラム設計 (database program design)　49
データベース論理設計 (database logical design)　46
データリンク層 (datalink layer)　97
テーブル (table)　94
電子指紋 (digital fingerprint)　110
電子署名 (digital signature)　110
統合開発環境 (integrated development environment)　93

統合思考 (integrative thinking) 26
導出規則 (derivation rule) 37
特定個人情報 (specific personal information) 68
匿名加工情報 (anonymized data) 67
トランスポート層 (transport layer) 101
トリガー (trigger) 31, 36
トリプル DES (triple DES, triple data encryption standard) 14
トンネル (tunnel) 112

な 行

内部設計 (internal design) 47
内部統制 (internal control) 71
二次記憶装置 (secondary memory) 76, 79
入出力管理 (input output management) 90
入出力装置 (input output device) 80
認可 (authorization) 109
認証 (authentication) 107
認証局 (certification authority; CA) 111
ネットワーク管理 (network management) 91
ネットワークストレジ (network storage) 103
ネットワーク層 (network layer) 100

は 行

バイト (byte) 76
パイプライン (pipeline) 77
パケット (packet) 6, 98
パケット交換 (packet switching) 99
パケットフィルタ (packet filter) 113
パスワード認証 (password authentication) 108
バックアップ (backup) 79
パッケージソフトウェア (package software) 9, 13, 29, 58

ハッシュ関数 (hash function) 108, 110
ハッシュ値 (hash value) 108, 110
バッファオーバーフロー (buffer overflow) 114
ハードウェア (hardware) 73
非機能テスト (non-functional test) 56
非機能要件 (non-functional requirement) 13, 40
ビジネスモデル特許 (business model patent) 72
ビジネスロジックプログラム設計 (business logic program design) 49
非対称暗号 (asymmetric cryptography) 109
ビット (bit) 73
非武装地帯 (demilitarized zone; DMZ) 113
秘密鍵 (secret key) 109
ビュー (view) 42, 119
表 (table) 94
平文 (plaintext) 109
ファイアウォール (firewall) 113
ファイル (file) 80, 86, 91
ファイル管理 (file management) 91
ファイルシステム (file system) 80, 91
不揮発性メモリ (non-volatile memory) 78
復号 (descryption) 109
復号鍵 (descryption key) 109
物理層 (physical layer) 97
浮動小数点数 (floating point number) 77
プライバシー (privacy) 64
プライベートアドレス (private address) 99
ブール代数 (Boolean algebra) 74
プレゼンテーション層 (presentation layer) 102
フレームワーク (framework) 42, 55, 93, 119
プロキシ (proxy) 113
プログラムカウンタ (program counter)

76
プログラム内蔵方式 (stored-program computer)　76
プロジェクト管理 (project management)　56
プロセス (process)　86, 89
プロセス管理 (process management)　89
プロトコル (protocol)　18, 97
分岐条件 (branching condition)　36
ペアプログラミング (pair programming)　54
ポインティングデバイス (pointing device)　80
ポジショニング分析 (positioning analysis)　24
保守 (maintenance)　61
ホスト (host)　99
ホスト名 (host name)　6
ポート (port)　101
ポートフォリオ分析 (portfolio analysis)　24
ポートフォワーディング (port forwarding)　112

ま 行

マイナンバー (my number)　68
マルチコア (multicore)　77
マルチスレッド (multithread)　90
マルチプロセス (multiprocess)　89
マルチプロセッサ (multiprocessor)　77
ミドルウェア (middleware)　86
命令 (instruction)　76
命令レジスタ (instruction register)　76
メソッド (method)　83
メッセージダイジェスト (message digest)　110
メモリ (memory)　76, 78
メモリ管理 (memory management)　90
メモリ管理装置 (memory management unit; MMU)　79, 90
メモリ空間 (memory space)　90
モデル (model)　42, 119

や 行

ユーザ管理 (user management)　91
ユースケース (use case)　13, 30, 39
ユースケース記述 (use case description)　40, 43
ユースケース図 (use case diagram)　39
要件定義 (requirements definition)　13, 29

ら 行

楽観主義 (optimism)　26
リソース (resource)　10, 88, 102
リレーション (relation)　46
ルーター (router)　100
レジスタ (register)　76
レーン (lane)　31
ローカルエリアネットワーク (local area network; LAN)　98
ロール (role)　31, 44
論理回路 (logic circuit)　73
論理ゲート (logic gate)　74

わ 行

忘れられる権利 (right to be forgotten)　67

東京大学工学教程

編纂委員会　光　石　　　衛 (委員長)
　　　　　　相　田　　　仁
　　　　　　北　森　武　彦
　　　　　　小　芦　雅　斗
　　　　　　佐　久　間　一　郎
　　　　　　関　村　直　人
　　　　　　高　田　毅　士
　　　　　　永　長　直　人
　　　　　　野　地　博　行
　　　　　　原　田　　　昇
　　　　　　藤　原　毅　夫
　　　　　　水　野　哲　孝
　　　　　　吉　村　　　忍 (幹　事)

情報工学編集委員会　萩　谷　昌　己 (主　査)
　　　　　　　　　　坂　井　修　一
　　　　　　　　　　廣　瀬　通　孝
　　　　　　　　　　松　尾　宇　泰

2016 年 9 月

著者の現職

萩谷昌己（はぎや・まさみ）
東京大学大学院情報理工学系研究科コンピュータ科学専攻
教授

東京大学工学教程　情報工学
情報システム

　　　　　　　　　平成28年11月20日　発　　　行

編　者　　東京大学工学教程編纂委員会

著　者　　萩　谷　昌　己

発行者　　池　田　和　博

発行所　　丸善出版株式会社

〒101-0051　東京都千代田区神田神保町二丁目17番
編集：電話(03)3512-3266／FAX(03)3512-3272
営業：電話(03)3512-3256／FAX(03)3512-3270
http://pub.maruzen.co.jp／

© The University of Tokyo, 2016
印刷・製本／三美印刷株式会社

ISBN 978-4-621-30112-8 C 3355　　　Printed in Japan

JCOPY〈(社)出版者著作権管理機構　委託出版物〉
本書の無断複写は著作権法上での例外を除き禁じられています．複写される場合は，そのつど事前に，(社)出版者著作権管理機構(電話 03-3513-6969，FAX 03-3513-6979，e-mail：info@jcopy.or.jp)の許諾を得てください．